舰船核动力装置使用可靠性工程

张永发 蒋立志 蔡 琦 编著

金家善 主审

国防工业出版社

·北京·

内 容 简 介

本书以舰船核动力装置可靠性问题为对象，主要包括两大部分内容，一是介绍可靠性领域比较通用的基本概念、数学基础、系统可靠性分析和故障分析方法等；二是介绍舰船核动力装置使用阶段相关的可靠性问题，主要包括维修性测试性保障性概念及其与可靠性的关系、舰船核动力失效特点与状态管理、可靠性的保持与恢复、可靠性数据的收集处理与应用等。

本书可作为舰船核动力专业本科生、研究生的课程教材使用，也可供相关领域的教学科研人员作为参考书。

图书在版编目（CIP）数据

舰船核动力装置使用可靠性工程 / 张永发，蒋立志，蔡琦编著. —北京：国防工业出版社，2023.6
ISBN 978-7-118-12885-7

Ⅰ. ①舰… Ⅱ. ①张… ②蒋… ③蔡… Ⅲ. ①军用船-核动力装置-可靠性工程 Ⅳ. ①U674.7

中国国家版本馆 CIP 数据核字（2023）第 096873 号

※

国防工业出版社出版发行
（北京市海淀区紫竹院南路23号　邮政编码 100048）
莱州市丰源印刷有限公司印刷
新华书店经售

*

开本 787×1092　1/16　印张 11¾　字数 240 千字
2023 年 6 月第 1 版第 1 次印刷　印数 1—1500 册　定价 68.00 元

（本书如有印装错误，我社负责调换）

国防书店：(010)88540777　　书店传真：(010)88540776
发行业务：(010)88540717　　发行传真：(010)88540762

前　　言

　　军用核动力舰船是复杂的武器系统,核动力装置担负着为全船提供动力及武器发射能源等重要功能。核动力装置可靠性水平的高低对于舰船生命力保持和战斗力的发挥具有重大影响。

　　装备在实际战场环境中的可靠性水平高低,一方面取决于装备可靠性的设计水平和建造质量;另一方面也取决于装备服役后的运行管理是否科学合理,维修保障是否充分。对于核动力装置运行管理人员而言,不仅要了解装备可靠性设计的基本原理、分析方法,还应当掌握使用可靠性的主要问题和常用方法。

　　本书根据核工程与核技术专业的教学大纲和课程教学计划编写,内容除介绍可靠性有关概念、可靠性数学基础、系统可靠性分析、故障分析方法之外,还重点围绕舰船核动力装置使用过程,介绍了核动力装置使用可靠性的基本内涵、舰船核动力装置失效特点及技术状态管理方法、使用可靠性保持与恢复的主要做法、使用过程中可靠性数据的收集处理与应用等。内容安排上兼顾了一般可靠性的通用理论和舰船核动力使用可靠性的特色问题,吸收了舰船核动力领域在可靠性研究、设计,以及恢复与保持等方面的最新成果和成熟经验,力求体现科学性、先进性和实用性。

　　本书由张永发、蒋立志、蔡琦编写,由金家善教授主审。教材编写过程中,赵新文教授、梁天锡研究员、陈玲教授给予了大力指导,装备使用单位的有关同志提供了很多有益素材,魏柯、洪力阳等研究生在教材编写过程中做了许多文字校对与图表绘制工作,编者在此一并表示衷心感谢。

　　本书适用于舰船核动力专业本科生、研究生,也可作为舰船核动力运行管理及其他技术人员的参考书。

　　由于舰船核动力使用可靠性工程涉及面广、工程实践性较强,限于编者学识水平,本书中不妥与错误之处在所难免,恳切希望读者批评指正。

编　者

2023.2

目 录

第1章 绪论 1
1.1 可靠性工程的内涵与作用 1
    1.1.1 可靠性工程的内涵 1
    1.1.2 可靠性工程的作用 5
1.2 可靠性工程的发展历史与未来趋势 6
    1.2.1 世界可靠性工程的发展历史 6
    1.2.2 我国可靠性工程的发展历史 7
    1.2.3 军用装备可靠性工程现状 7
    1.2.4 军用装备可靠性工程的发展趋势 8
1.3 舰船核动力可靠性工程特点及学习提示 9
    1.3.1 舰船核动力可靠性工程的特点 9
    1.3.2 可靠性与运行及保障人员的关系 12
    1.3.3 学习提示 13
  本章小结 13
  习题 14

第2章 可靠性基础 15
2.1 可靠性的内涵 15
    2.1.1 可靠性的定义及分类 15
    2.1.2 剖面与环境分析 17
2.2 故障的定义及分类 18
    2.2.1 故障的定义及内涵 18
    2.2.2 故障的分类 19
2.3 可靠性参数 20
    2.3.1 常用的可靠性参数 20
    2.3.2 产品的寿命特征量 23
    2.3.3 可靠性参数间的关系 24
    2.3.4 与广义可靠性相关的其他参数 25
2.4 可靠性参数的使用 28
    2.4.1 不同的分类使用 28
    2.4.2 可靠性指标 30
    2.4.3 舰船装备的 RMS 指标 31

2.5 可靠性工程的常用概率分布 ································· 32
    2.5.1 离散型概率分布 ································· 33
    2.5.2 连续型概率分布 ································· 34
    2.5.3 概率分布的选用 ································· 40
2.6 可靠性参数的估计 ······································· 40
    2.6.1 分布参数的点估计 ······························· 41
    2.6.2 分布参数的区间估计 ····························· 42
    2.6.3 拟合优度检验 ··································· 43
本章小结 ·· 44
习题 ·· 44

第3章 系统可靠性分析 ·· 45
3.1 概述 ··· 45
3.2 系统可靠性建模 ··· 46
    3.2.1 系统可靠性模型的概念 ··························· 46
    3.2.2 系统功能分析 ··································· 48
    3.2.3 可靠性框图及其数学模型 ························· 52
3.3 典型的系统可靠性模型 ··································· 54
    3.3.1 串联系统 ······································· 55
    3.3.2 并联系统 ······································· 56
    3.3.3 表决系统 ······································· 57
    3.3.4 非工作储备系统 ································· 58
    3.3.5 复杂系统 ······································· 60
3.4 可修系统的可靠性模型 ··································· 64
    3.4.1 概述 ··· 64
    3.4.2 一个单元的可修系统 ····························· 65
    3.4.3 串联系统 ······································· 67
    3.4.4 并联系统 ······································· 68
    3.4.5 一般可修单调关联系统 ··························· 69
本章小结 ·· 70
习题 ·· 70

第4章 故障分析 ··· 71
4.1 故障分析的相关概念 ····································· 71
    4.1.1 故障概述 ······································· 71
    4.1.2 故障模式 ······································· 73
    4.1.3 故障机理 ······································· 74
    4.1.4 故障分析的常用方法 ····························· 76
4.2 故障模式、影响及危害性分析 ····························· 77
    4.2.1 概述 ··· 77

    4.2.2 基本步骤 ·· 78
    4.2.3 FMEA 和 FMECA 方法的特点 ··· 80
    4.2.4 FMECA 分析应注意的问题 ·· 80
  4.3 故障树分析方法 ·· 81
    4.3.1 概述 ··· 81
    4.3.2 故障树的有关符号 ··· 82
    4.3.3 故障树建立 ·· 83
    4.3.4 故障树的数学模型 ··· 86
    4.3.5 故障树的定性分析 ··· 88
    4.3.6 故障树的定量分析 ··· 90
    4.3.7 FMECA 与 FTA 综合分析 ·· 91
  4.4 事件树分析（ETA）·· 92
    4.4.1 概述 ··· 92
    4.4.2 ETA 的基本步骤 ··· 93
    4.4.3 ETA 的实例——三哩岛事故分析 ·· 93
    4.4.4 FTA 与 ETA 综合分析 ·· 95
  4.5 其他故障分析方法 ··· 96
    4.5.1 耐久性分析 ·· 96
    4.5.2 失效物理分析 ··· 97
  本章小结 ··· 98
  习题 ··· 98
第 5 章 维修性、测试性与保障性 ·· 99
  5.1 概述 ··· 99
  5.2 维修性 ··· 100
    5.2.1 维修与维修性的基本概念 ·· 100
    5.2.2 维修的分类、分级与修理策略 ·· 100
    5.2.3 维修性的描述与要求 ·· 102
    5.2.4 维修性的设计分析与试验评定 ·· 102
  5.3 测试性 ··· 103
    5.3.1 测试与测试性的基本概念 ·· 103
    5.3.2 测试性的定性、定量要求 ·· 104
    5.3.3 测试性的设计分析与验证评价 ·· 105
  5.4 保障性 ··· 108
    5.4.1 保障与保障性的基本概念 ·· 108
    5.4.2 保障性的参数与要求 ·· 109
    5.4.3 保障性的设计分析与验证评价 ·· 110
  5.5 可用性 ··· 113
    5.5.1 可用度 ·· 113

  5.5.2 系统效能 ··· 115
 本章小结 ·· 116
 习题 ··· 116

第6章 舰船核动力的失效特点与状态监测 ··· 119
 6.1 舰船核动力概述 ··· 119
  6.1.1 舰船核动力的功能、工作环境与运行模式 ·· 119
  6.1.2 舰船核动力的系统组成及特点 ·· 120
 6.2 舰船核动力主要设备类型的失效特点及机理 ·· 123
  6.2.1 电子产品的主要失效特点及机理 ·· 123
  6.2.2 机械产品的主要失效特点及机理 ·· 124
  6.2.3 软件产品的主要失效特点及机理 ·· 126
 6.3 舰船核动力的状态监测 ·· 127
  6.3.1 状态监测的基本内涵及意义 ··· 127
  6.3.2 状态监测的主要特点 ·· 129
  6.3.3 状态监测的基本原理及其分类 ··· 130
  6.3.4 状态监测的主要技术 ·· 132
  6.3.5 状态监测的实施 ·· 133
 6.4 舰船核动力运行阶段的状态管理 ·· 134
 本章小结 ·· 135
 习题 ··· 136

第7章 舰船核动力使用可靠性的保持与恢复 ·· 137
 7.1 舰船核动力的科学保养与使用 ·· 137
  7.1.1 舰船核动力的保养 ·· 137
  7.1.2 核动力装置的科学使用 ··· 138
 7.2 舰船核动力的维修 ··· 139
  7.2.1 核舰船的维修等级与主要方式 ··· 139
  7.2.2 以可靠性为中心的维修 ··· 140
  7.2.3 核动力舰船的重要维修技术与经验 ·· 142
 7.3 人员的可靠性 ··· 144
  7.3.1 人员可靠性概述 ·· 144
  7.3.2 提高人员可靠性的措施 ··· 146
 本章小结 ·· 148
 习题 ··· 148

第8章 舰船核动力可靠性数据的收集、处理与应用 ·· 149
 8.1 概述 ··· 149
  8.1.1 可靠性数据的内涵及收集处理的目的与作用 ·· 149
  8.1.2 可靠性数据的来源与分类 ··· 150
 8.2 可靠性数据的收集 ··· 151

    8.2.1 可靠性数据收集的主要内容 ·· 152
    8.2.2 可靠性数据收集的原理 ·· 152
    8.2.3 可靠性数据收集的方式及注意事项 ·· 153
  8.3 可靠性数据的评估与分析 ·· 154
    8.3.1 可靠性数据的初步处理 ·· 154
    8.3.2 可靠性分布类型确定及参数估计 ·· 155
    8.3.3 贝叶斯方法在可靠性数据分析中的应用 ································· 158
  8.4 可靠性数据管理和应用 ··· 159
  8.5 舰船核动力使用可靠性数据收集、分析及问题讨论 ······························ 159
    8.5.1 使用可靠性数据收集、分析 ·· 159
    8.5.2 有关问题讨论 ··· 160
本章小结 ··· 161
习题 ·· 161
参考文献 ··· 162

第 1 章 绪 论

随着科技的快速发展，战争形态和武器装备也正在发生巨大变化。对武器装备来说，一方面装备的战技性能不断提升，另一方面装备的结构和技术也日趋复杂。这意味着像舰船核动力这样的大型复杂装备在客观上更容易发生故障，而且故障后果更加严重。因此，研究舰船核动力的可靠性问题以降低其故障发生概率是一项十分重要而紧迫的任务，这也是装备可靠性工程需要解决的核心问题。目前，可靠性工程经过半个多世纪的发展，已经形成了比较完备的理论体系，并在多个行业领域发挥了重要作用，随着新兴技术发展和新型系统的不断出现，可靠性工程也面临着一些新的挑战，出现了一些新的发展趋势。

1.1 可靠性工程的内涵与作用

1.1.1 可靠性工程的内涵

1. 可靠性

在装备使用和管理中，我们经常会提到质量、可靠性和寿命等概念，但它们的具体内涵和范畴是什么？彼此之间有何联系？按照 ISO9000:2005 标准的定义，质量是指一组固有特性满足要求的程度。固有特性就是指产品本来就有的特性，通常指那些永久性的特性。这些固有特性既包含了产品的功能、性能特性，也包括可靠性、维修性、测试性、保障性和安全性等。其中，可靠性是这些质量特性中最基础、最重要的特性。我们可以用图 1-1 来表示产品可靠性与通用质量特性（有时也称为可信性）、质量特性间的范畴关系。对于舰船核动力装置来说，它的功能是为舰船提供推进动力与电力，作为核动力装置运行及保障人员，对于装置能否发挥预定功能十分关心，但仅此还不够，同样重要的是装置能多长时间无故障地工作，并且一旦发生故障，能在多短时间内修复，并防止故障再次发生，这就属于可靠性研究的范畴。

可靠性（reliability）的定义是：产品（装备）在规定的工作条件下和规定的时间内，完成规定功能的能力。那么可靠性的本质是什么呢？下面我们结合产品质量管理的过程来进行简单介绍。

为了便于理解产品的质量与可靠性问题，可以把产品的生命周期分成 3 个阶段，即产品研发阶段、量产的生产制造阶段、使用至报废退役的阶段，与上述阶段相对应的是设计质量、生产过程质量和使用质量，具体如图 1-2 所示。

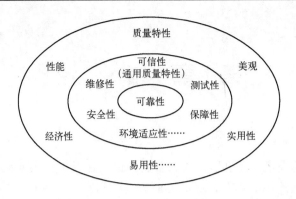

图 1-1 可靠性与可信性、质量特性间的范畴关系示意图

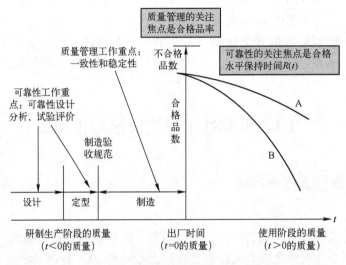

图 1-2 质量与可靠性关系示意图

我们以产品（装备）的生命周期作为横坐标，用时间表示；以装备的合格水平作为纵坐标，于是就有了 $t=0$、$t>0$ 以及 $t<0$ 的质量。$t=0$ 的质量一般都用合格品率进行度量，用百分比表示。传统质量管理关注的焦点是降低不合格率，质量管理工作的重点是提高制造过程的一致性和稳定性。$t<0$ 的质量是指按照装备研制时确认的设计定型（或者产品设计方案），以及确定的制造与验收规范进行生产与验证的能力，其核心仍然是提高产品的合格品率。这种模式被称为"符合性"质量管理。$t>0$ 的质量体现了产品（装备）在使用过程中其合格水平的保持能力，本质上就是产品（装备）的可靠性，即合格产品（装备）在规定的工作条件下以及规定的时间内完成规定功能的能力。通俗地说，可靠性就是指产品（装备）在用户使用过程中无故障或保持长时间正常工作而不发生故障的可能性。因此，可靠性关注的是产品（装备）合格水平随着时间的保持能力，在图 1-2 中，A 装备显然比 B 装备的合格水平保持能力更强，也就是说 A 装备比 B 装备更可靠。

可靠性研究的是为什么出厂合格的装备会随着使用时间的增加而变成不合格，也就是为什么会突然发生故障。究其根源是出厂时判定装备是否合格的判据出了问题，而合格判据正是研发阶段结束时形成的制造与验收规范中所确认的或规定的要求。因此，要改变合格判据，就必须在装备研发设计时事先考虑到装备使用过程中可能承受的应力及其随机性、装备自身强度的随机性及其随时间的退化性（如材料及元器件等抗损坏强度的随机性、使用环境及承载应力的随机性等），还要考虑使用阶段运行保障人员各种可能的误操作及安全问题等。如果能够在设计时就预先充分考虑上述各种可能引起故障的因素，采取预防措施并进一步改进制造验收规范，就可避免或减少使用中发生的故障，这就是预防的质量。所以，提高 $t<0$ 的设计质量必须在装备开发时就着眼于所开发装备 $t>0$ 用户使用阶段中合格水平的保持能力，从装备使用过程中可能发生的故障或缺陷入手。

由此可见，$t<0$ 的质量决定了 $t=0$ 和 $t>0$ 的质量，即 $t<0$ 研发过程的设计质量（可靠性设计分析、试验与评价、监督与控制等工作）直接决定着 $t>0$ 的质量。可以说，可靠性与产品技术性能等质量特性之间有密切的关系，但关注的重点又不同。一方面，如果没有基本的技术性能指标，产品的可靠性问题就无从谈起，所谓产品的不可靠，就是针对产品的某些基本性能而言的；另一方面，可靠性、维修性等通用质量特性是装备性能和功能得以发挥的基础和前提，若装备不可靠，再好的性能也无法发挥。产品的可靠性指标，可以针对某些单项技术性能指标而言，也可以针对许多技术性能指标的综合而言。产品的技术指标可以通过仪器的直接测量获得，而产品的可靠性指标是一个统计指标，只有通过可靠性试验、统计分析及调查研究的基础上获得。另外，产品的可靠性不仅与设计和生产有关，还与使用条件有关，时间因素对于产品可靠性的影响是不容忽视的，可以说可靠性是突出强调装备可用程度的时间质量特性。

2. 可靠性工程

可靠性工程是指为了确定和达到产品的可靠性要求所进行的一系列技术与管理活动。它是一门研究产品缺陷或故障发生和发展规律，进而最大限度进行缺陷或故障的预防和纠正，从而使缺陷或故障不发生或尽量少发生的学科。因此，也有人说可靠性工程是一门与故障做斗争的学科。当前，有些人对可靠性问题有些误解，认为可靠性就是与概率统计等相关的数学问题，尽管数学在可靠性工程中很重要，可以用来描述产品故障发生的规律及基于可靠性试验和使用信息进行产品可靠性水平的评价；但实际上产品的可靠性问题是使用过程中出现的工程实践问题，产品的可靠性不是算出来的，而是设计出来、制造出来和管理出来的，是在产品的全寿命周期中坚持与缺陷和故障做斗争得来的。

1）可靠性工程的技术过程

同人类与疾病做斗争类似，可靠性工程从本质上可以划分为预防、发现、纠正和验证 4 个过程，它们之间的关系可以用图 1-3 表示。

预防故障和缺陷是斗争最重要的一步，是可靠性工程的核心，体现了"第一次就把事情做正确"的质量管理理念，可靠性工程经过 60 多年的发展，已经形成了一套比较完整的故障与缺陷的预防控制技术和方法。这些技术和方法都体现在产品研发过程的可靠性设计与分析之中，即在产品性能和功能设计时，采取一系列的可靠性设计与分析的专门方法，应用并行工程的方法对可靠性与性能进行一体化设计。

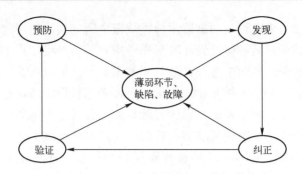

图 1-3 可靠性工程的基本过程示意图

尽早发现缺陷和故障是可靠性工程的重要组成部分。尽管工程师在设计和制造过程中已经针对产品使用过程可能发生的故障尽可能采取了各种预防措施，但难免会有疏漏，因此尽早发现缺陷或故障非常重要，发现得越早损失越小。在可靠性工程中也已经形成了许多发现缺陷和故障的技术和方法。

及时纠正缺陷和故障是实现产品研发过程可靠性增长的重要手段。发现缺陷和故障不是目的，解决缺陷和故障才是目的，才能提高产品的可靠性。解决产品的具体故障，必须充分依靠专业学科的知识，例如解决因强度不够而断裂的故障、因磨损造成机器动作失调的故障等，这些故障的解决必须依靠专业知识。但可靠性工程在纠正故障的过程中也形成了一些方法，最典型的就是建立故障报告、分析和纠正措施系统。在军工行业中形成的故障归零管理就属于此类，例如：技术问题五归零，即定位准确、机理清楚、问题复现、措施有效和举一反三；管理五归零，即过程清楚、责任明确、措施落实、严肃处理、完善规章。

有效验证纠正措施的有效性和产品的可靠性、维修性指标是产品可靠性工程的另一重要组成部分。纠正措施制定后必须经过工程验证，以证明纠正的有效性，防止工程中出现"小改出大错"。一定要记住"牵一发动全身"的道理，某一故障件的改进很可能引起新的问题，所以必须对纠正进行验证，产品可靠性才有保证。目前，关于可靠性指标的验证已经有许多成熟的方法，如可靠性鉴定试验、可靠性验收试验等。

2）可靠性工程的主要内容

在实施与产品的缺陷和故障做斗争中形成的"预防、发现、纠正和验证"一系列技术方法的过程中，离不开可靠性管理，缺少系统有效的管理，很多技术活动就难以有效开展。有人把可靠性技术与管理形容为一部车子的两个轮子，缺一不可。从工作内容看，可靠性工程涵盖了可靠性要求论证、可靠性设计分析、可靠性试验评价、生产和使用阶段的可靠性评估与改进，以及产品寿命周期可靠性管理等方面，具体可用图 1-4 表示。

就学科而言，可靠性工程是一个综合性学科，目前主要包括可靠性数学与可靠性物理等。可靠性数学除了需要运用概率论等基本知识外，还要运用假设检验、参数估计、多元分析、抽样理论等知识；在可靠性系统分析中，需要用到布尔代数、网络分析、代数学、图论、运筹学以及系统工程等理论。在可靠性物理中需要研究材料性能、结构力学、环境应力及失效物理学等内容。随着科学技术的发展，未来可靠性工程还会进一步融合其他学科知识。

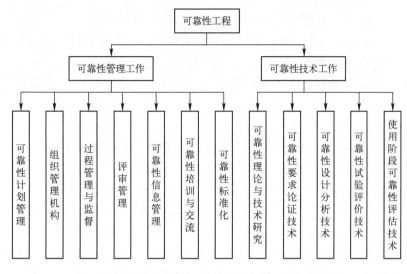

图 1-4 可靠性工程的主要工作内容

1.1.2 可靠性工程的作用

可靠性问题在第二次世界大战前后开始受到重视，至今已有 60 多年的历史。但是，许多机构及个人对可靠性工作的作用和意义不是很了解，认识上存在偏差，认为产品性能合格就行，可靠性工作只是一种形式，做与不做都一样。他们没有认识到可靠性是装备战斗力的核心要素之一，提高产品的可靠性是一项系统性、基础性的工作，需要不断积累、持续改进，长期保持，才能见成效。具体来讲，可靠性工程的作用主要体现在以下几个方面：

1. 可靠性工程是提供和保持产品高可靠性的保证

随着工业技术的发展，装备不断向大型化、复杂化、智能化等方向发展，装备变得更加庞大、复杂，构成的零部件、软件数量日益增加，从而使得装备发生故障的概率显著增加。以舰船核动力装置为例，通常由十几个系统构成，每个系统又包含若干设备、管道等零部件，装置使用的零部件规模数以万计，而其中任一零部件或元器件的失效都有可能导致整个装置或系统的故障。因此，为了保证装置和系统的可靠性水平，不仅需要提高零部件或元器件的可靠性水平，还需要在装置和系统层面进行设计优化，这就需要在装置设计、制造和使用过程中采用一整套可靠性工程技术作为支撑。

2. 武器装备的可靠性是发挥作战效能的关键

武器装备是作战中使用的，必须发挥最大效能。效能是武器装备的可靠性、可用性和性能的综合反映。如果装备不可靠，再好的性能也不可能发挥出来，而且可能导致作战失败和人员伤亡，对于核装备来说，还有可能造成严重的核事故。

3. 可靠性能降低产品失效率和全寿命周期费用

可靠性差的产品意味着高返修率，由此会带来昂贵的维修费用。当然，要降低产品的失效率，需要相应的投入，会带来研制费用的增加；但是，研制出来的产品可靠性提高了，使用阶段的维修保障费用会显著下降。因此，只要把握好产品失效率与总费用的平衡点，就可以达到降低产品失效率和全寿命周期费用的目的。

除此之外，可靠性工程还有许多其他方面的作用（尤其是对民用产品和企业而言），比如提高产品的核心竞争力、增强企业盈利能力、树立企业品牌等。对于国家而言，可靠性工程还是实现由制造大国向制造强国转变的必由之路，也是国家科技水平的重要标志。

1.2 可靠性工程的发展历史与未来趋势

从历史的观点看，只要是产品就有可靠工作与不可靠工作的问题。有学者认为人类祖先在学会使用工具之初就已经具备了可靠性思想，从这个意义上讲，产品可靠性的历史非常悠久。但可靠性作为一门学科却只有60多年历史，算是比较年轻的学科。在可靠性领域，一般认为可靠性工程起源于第二次世界大战。当时美国将飞机与导弹部署到战场之后，发现装备中的电子管等电子设备故障高发，严重影响部队战斗力，造成了重大损失。为此，美国采取了紧急措施，从生产开始就严格按照图纸要求加强了制造过程的控制，但产品的故障率仍然居高不下。这使人们联想到是否有一种超越现有制造技术或检验能力的其他"因素"在起作用。这种"因素"就是制止电子管发生故障的一种特性，人们把这种特性称为"可靠性"，它需要在产品设计之初就进行考虑，然后再按图生产，才能制造出合格的产品。所以，我们通常认为电子管的故障是现代可靠性工程的开端，美国"电子设备可靠性咨询组"（AGREE）在1957年6月发表了《军用电子设备可靠性》报告，业界通常把这个报告作为可靠性工程成为独立学科的标志与里程碑。

1.2.1 世界可靠性工程的发展历史

到目前为止，世界可靠性工程大致经历了3个大的阶段：

20世纪60年代是可靠性工程全面发展的阶段，也是美国武器系统研制全面贯彻可靠性大纲的年代。美国国防部及航空航天局接受了AGREE报告提出的一套可靠性设计、试验及管理方法，并在新研制装备中得到广泛应用并迅速发展，形成一套完善的可靠性设计、试验和管理标准，如MIL-HDBK217、MIL-STD781、MIL-STD785。在这些新装备的研制中，都不同程度地制定了较为完善的可靠性大纲，规定了定量的可靠性要求，开展了可靠性设计，并进行了可靠性试验和评审工作。在这期间，法国、日本及苏联等工业发达国家也详细开展了可靠性研究。

20世纪70年代是可靠性发展步入成熟的阶段。这个阶段的主要特点是美国建立了统一的可靠性管理机构，负责组织协调可靠性政策、标准、手册等工作；成立全国性的数据交换网，加强政府机构与工业部门之间的技术信息交流；制定出一套比较完善的可靠性设计、试验及管理的方法与程序。更加重视在装备论证设计阶段的可靠性设计等工作。美国空军F-16A战斗机和海军F/A-18A战斗机以及英国皇家空军"隼"式教练攻击机的研制体现了这个阶段的特点。

20世纪80年代以来，可靠性工程向更深、更广的方向发展。在装备发展策略上，可靠性和维修性成为了提高武器装备战斗力的重要工具，将可靠性与武器装备性能、费用和进度置于同等重要的地位；在管理上，更加突出集中统一管理，强调可靠性、维修性管理的制度化，为此，美国国防部于 1980 年首次颁布了可靠性及维修性指令 DODD5000.40《可靠性及维修性》；在技术上，深入开展软件、机械、光电器件和微电子器件的可靠性研究，全面推广计算机辅助设计技术在可靠性领域的应用。经过这些努力，美国诸多武器装备的战备完好性有了大幅提升，比如美国空军 F-16C/D 战斗机及 F-15E 战斗机的战备完好性都超过了 95%。

1.2.2 我国可靠性工程的发展历史

我国可靠性工程的发展起步于 20 世纪 50 年代，刚开始主要是设立电子产品的环境试验站，在此过程中引入了电子产品可靠性概念，开展了初步的实践探索。1960 年以后，由于雷达、通信机和电子计算机等故障频发，我国开始引入可靠性理论和技术，并在电子行业进行了全国性的推广与应用，通过开设可靠性知识培训班等形式，培养了一批可靠性方面的人才，一些厂所也开始建立可靠性试验小组。

到了 20 世纪 70 年代，随着人造卫星、导弹核武器、海底线缆等工程的发展，提出了高可靠性、长寿命的迫切要求，国家开始高度重视可靠性问题；特别是在"两弹一星"研制过程中，周总理提出"严肃认真，周到细致，稳妥可靠，万无一失"的 16 字方针，在整机系统可靠性设计上采取措施，保证了运载火箭、通信卫星的连续发射成功。这个阶段，国家成立了"可靠性与质量管理学会"，建立了"中国电子产品质量与可靠性信息交换网"，可靠性工作开始在各行各业得到迅速发展；这期间，我国的可靠性工作逐步从军工行业深入到民用产品之中；随着工作的深入，我国组织制定了 GB 3187—82《可靠性基本名词术语定义》、GB1772—79《电子元器件失效率试验方法》等可靠性标准。

到了 20 世纪 80 年代末，我国在装备研制中更加重视质量与可靠性工作。1988 年制定了一个装备可靠性纲领文件——GJB 450《装备研制与生产的可靠性通用大纲》，对装备在论证、方案、设计分析、试验评价和使用阶段的可靠性工作全面提出了明确要求；同时，还先后颁布了《装备维修性规范》《装备可靠性与维修性管理规定》等标准文件。可以说 20 世纪 80 年代末至 90 年代，我国可靠性工作达到了一个高潮。

进入 21 世纪后，我国对可靠性工作的投入持续增加，2010 年，国务院、中央军委联合颁布了《装备质量管理条例》，对装备全寿命周期的可靠性等工作提出了明确要求，并纳入了法治轨道。2014 年，原中国人民解放军总装备部颁布了《装备通用质量特性管理规定》，确定了装备全寿命周期通用质量特性工作的主要内容和要求。同时，国内的科研机构、型号研制单位逐步推进可靠性工程技术在型号中的应用，开展可靠性设计、失效物理分析、可靠性试验等工作。近年来，我国还积极参与可靠性领域国际标准的制定工作，比如我国华为公司与工业和信息化部电子第五研究所联合起草了网络系统可靠性方面的标准，包括 IEC 61907、IEC 62673 等。

1.2.3 军用装备可靠性工程现状

军用装备是可靠性工程的发源地，也是推进可靠性工程发展的主动力，近年来国内外军用装备的可靠性工程取得了很大的进步，简要情况如下：

1. 国外情况

在管理上，注重加强集中统一领导，成立专门的管理与研究机构，培养配套的人才队伍，并且加大在研制早期阶段的费用投入。在装备论证中，注重将作战需求转化为可靠性等具体指标，并广泛采用建模与仿真技术，进行多方案优选。在设计分析上，进一步推进设计分析技术的标准化与规范化，积极采用计算机辅助分析等手段；加强通过建模与仿真来改进设计、提高产品的可靠性，比如美英等国运用建模与仿真技术对 F/A-18 和 F-16 战斗机、FFG-7 导弹护卫舰等进行六性分析（六性指可靠性、维修性、测试性、安全性、保障性、环境适应性）。在可靠性试验方面，坚持"预防为主"的理念与仿真，重视高加速寿命试验、强化、增长试验等研制试验和综合利用各种试验信息，以最大限度降低费用；因为可靠性试验既费时又费钱，因此美国等国家积极推动将可靠性试验与性能试验、环境试验和耐久性试验结合起来，进行综合试验，比如 F/A-18A 战斗机就积累了 78000 试验小时，对 1500 个故障模式进行了改进，约 30%的改正措施是通过可靠性研制/增长试验发现故障后采取的。在信息应用方面，建立各级信息收集系统，加强信息的综合管理与分析；建立比较完善的产品缺陷报告制度。最后，在基础研究方面，高度重视高可靠元器件研发，重视故障物理和失效机理研究、重视基础产品试验与数据积累、重视基础理论研究与手段建设。美军元器件失效率已控制到 10^{-9}，元器件的良好率达到 99.99%；美欧积极开展失效物理研究，向传统的可靠性方法挑战，提出以失效物理为基础的可靠性工程方法，将失效物理分析与制造方法，失效机理、失效模式和失效模型相结合，开发出以失效物理方法为基础的可靠性设计和评估的计算机辅助设计工具。

2. 国内情况

我国的武器装备建设虽然取得了重要进展，但是仍然存在着两个方面致命的瓶颈，即质量与创新。在质量方面，国防工业界仍然停留在认识可靠性和可持续性概念重要性阶段。尽管近几十年以来，我国在军用装备可靠性方面做了许多工作，也有了不少成绩，但与先进水平相比，仍然处于落后状态。

从目前看，国内军用装备可靠性领域存在主要问题有：可靠性的要求还不太明确，无论是军方，还是研制抓总单位，提出科学、合理、明确可靠性要求的能力还不够；在设计过程中，对可靠性要求与指标的落实过多依赖分配与预计等手段，工程设计分析力度不足；在研制过程中，对系统和设备层次的可靠性工作还缺乏控制力度；在组件、零部件级的可靠性试验不充分，积累的数据较少；可靠性、维修性等六性工作仍以课题研究为主，工程推进不够，且缺乏型号应用的规范、指南等技术参考。

近年来，我国在军用装备六性工作方面采取了许多有力举措，如 2006 年原中国人民解放军总装备部决定将六性指标作为装备能否定型的刚性依据；2009 年版的 GJB 9000B 将六性全面纳入国家军用标准；2017 年军委装备发展部颁布《装备通用质量特性要求模板》，推进了六性论证工作深入开展。近年来，在型号工程研制中也取得了不少成绩，比如在新研装备中广泛开展可靠性试验、开展六性专项设计、推行质量问题报告和归零管控制度等。

1.2.4 军用装备可靠性工程的发展趋势

从军用装备可靠性工程的发展来看，今后可能会呈现以下几点趋势：

（1）更加注重发挥可靠性等通用质量特性对提升装备效能和降低费用等方面作用。

（2）更加注重实施自上而下的可靠性管理，构建专门的可靠性管理机构，成立专门的可靠性管理及技术人才队伍。

（3）更加重视机械、机电等产品的可靠性研究与分析。

（4）同时考虑硬件可靠性与软件可靠性，确保大型复杂系统的可靠性。

（5）更加注重对失效模式、失效机理等失效物理层面的分析，改变过去以统计分析为主的传统做法。

（6）更多地采用计算机辅助设计与分析。

（7）更加注重可靠性试验工作，尤其是加速试验、仿真试验等手段的使用。

（8）可靠性考核更倾向于采用多指标或整个指标体系。

（9）更加注重以可靠性使用值为指标，来代替以往强调固有值的做法。

1.3 舰船核动力可靠性工程特点及学习提示

1.3.1 舰船核动力可靠性工程的特点

舰船核动力是一个大型复杂系统，将可靠性技术用于舰船核动力工程的各个环节之中就构成了舰船核动力可靠性工作。开展可靠性工作的目标是确保新研和改型的装备达到规定的可靠性要求，保持和提高现役装备的可靠性水平，以满足系统战备完好性和任务成功性要求、降低对保障资源的要求、减少寿命周期费用。可靠性问题对舰船来说具有特别重要的意义：一方面舰船海上航行时长期地远离基地，发生故障后难以得到岸上的及时支援，重要部件发生故障有可能导致船毁人亡；另一方面，舰船可靠性不足会额外增加消除故障后果的开支，增加维修工作量和延长舰船停航维修时间，从而导致舰船使用效率降低。对于舰船核动力来说，由于系统与设备运行环境更加恶劣，且故障可能引发核事故，因此，可靠性显得更加重要。

从前面的描述可以看到，在可靠性领域电子产品的可靠性研究比较活跃，相关的理论、方法和模型等也相对比较完善。舰船装备主要以机械产品或机电结合产品为主，从可靠性的视角看，它们与电子产品有很大的不同：

（1）研制特点不同决定了可靠性工作基础的差异。电子产品在研制上的显著特点是组合化，通过元器件的适用性选择，电路与布局的设计，以及功能块的组合、扩展和增强，可以实现大规模的标准化。据此，可以建立许多元器件的可靠性设计手册和试验规范，为新产品研制提供十分精确的数据资料。但是，由于舰船核动力大部分的零部件是机械产品或机电结合产品，它们种类繁多、形式各异，专品专用的情况十分普遍，甚至其中许多零部件是通过专项设计获得的。非电子产品的基础结构要素（如紧固件、轴承、齿轮和气动液压零件等）虽然有一定程度的标准化，但许多仍以非标设计为主；另外，非电子产品设计中的定量降额问题尚未完全解决，现有的许多非电子零件的数据手册中缺乏影响无故障工作时间的材料性能和使用应力方面的资料，这就决定了舰船核动力可靠性工作的开展主要依靠装备自身研制及使用过程中产生的技术方案、试验及使用数据等。

（2）设计理论完整性不同导致可靠性分析的不确定差异较大。目前，电磁学理论已经比较完善，它为电子学、半导体物理学的发展和电子技术的应用奠定了比较完备的理论基础。除此之外，固体物理学、分子物理学、原子物理学和量子力学等学科的大量研究成果，也为获得高精度的半导体材料提供了充分的理论依据和技术基础。因此，电子产品的研究与设计理论是比较充分和完整的。与之相对的是，目前非电子产品还没有解决结构可靠性与寿命确定等方面的理论问题，比如疲劳、磨损、应力腐蚀等的具体机制。即使是过载失效问题，依靠现行的弹塑性力学理论也还不能十分精确地分析，需要在现有力学设计基础上再利用经验公式和经验数据。因此，可以说非电子产品与电子产品相比，设计理论的缺口较大，这意味着设计结果存在较大不确定性，尤其对于实际运行条件下的可靠性评定显得更加困难。

（3）使用环境不同决定了可靠性分析的复杂程度差异。电子设备通常与外界环境有一定的隔绝。产品工作过程中，电子元器件一般不直接受人的操纵或直接与人接触，因此受外界环境和人员操作的影响相对较小。而且，大多数元器件只有一种工作方式，即接受一定的输入和发送一定的输出。非电子产品则不同，它们大都直接暴露在外界环境中。舰船设备更是如此，使用环境恶劣，经历的环境变化大，使用中意外情况也更多，难以完全被设计所预料与覆盖。另外，非电子产品一般直接受人员操纵，误动作、违章操作和应急操作等人为因素对机器工作的可靠性有很大影响。而且，很多非电子产品具有多种工作方式，如变速箱要输出不同的转速和功率、柴油发电机组要在不同的工况下工作等，不同的工作方式对产品的寿命有不同影响，需在可靠性评定中考虑上述因素。

（4）失效特点不同决定了可靠性设计理念不同。从本质上讲，产品的失效主要是由外部负载超过产品承受能力而引起的。电子产品的失效主要是元器件的应力过载、老化、电磁干扰及潜在电路的存在而造成的误信号输入与输出，电子元器件的失效一般具有原因未知、不可修复、失效率基本为常数分布的特点。这样的失效特点使得电子产品可以依靠精确的统计分析方法来进行可靠性设计与试验。而非电子产品的失效情况比较复杂，除了零部件的过应力失效外，还有大量失效率随时间变化的磨损、疲劳、腐蚀、缺陷扩展等失效模式，仅依靠统计方法难以满足可靠性设计与试验需求。因此，在设计上针对这些已知或可预料的失效致因，通常采取工程措施加以防范，如提高安全系数、考虑维修更换对策等。对机电产品来说，可靠性与维修性之间的联系更为紧密，维修性是解决机电产品可靠性的一个十分关键的问题。

（5）制造质量差异大制约可靠性分析方法与结果的使用。机电产品的生产条件差异大，精密加工的应用还不够普遍，从原材料生产、零部件加工到成品组装普遍存在着影响质量一致性的因素，也就说同一型号产品的内部质量差异更大。因此，这种内部质量差异在本质上使得产品的失效数据处理变得更复杂，可靠性试验结果的可信度更低，因而影响先进可靠性设计理论与方法的使用。

（6）零部件批量小造成可靠性数据基础薄弱。舰船核动力装置中许多设备与零部件都是为专门目的设计的，标准化、组合化和系列化程度高的产品总数相对较小，使得难以通过统计方法获得充足的基础数据。

以上几方面的原因决定了舰船装备可靠性问题的特殊性，不能完全照搬电子产品可靠性研究方法或航空航天领域的做法来解决舰船可靠性问题。除了上面提到的舰船装备共同特点外，舰船核动力装置还有一些自身独有的问题，也需要在可靠性设计、分析等工作中加以重视：

（1）设计制造方面。目前，舰船核动力主要应用于水下潜艇，为满足任务要求，需要长时间在海上单独航行。由于海况复杂、缺乏外部支援，而且反应堆还必须考虑核安全问题，因此对核动力装置的可靠性与维修性提出了更高要求。

与一般机械或机电产品相比，核动力装置通过热力过程做功、工作条件恶劣，特别是一回路系统及设备，还要承受高温、高压、强辐射、高速流体冲刷等影响，这些因素共同作用使得可靠性研究与分析更加困难。

核动力装置中存在大量长寿命设备与部件，如反应堆、蒸汽发生器、稳压器、主汽轮机等，要求其设计寿命与舰艇同寿；同时大量设备和部件属"量体裁衣"式设计甚至是单件化生产，难以开展可靠性试验，可靠性验证十分困难。

舰船对空间、重量制约十分苛刻，为可靠性、维修性设计带来较大困难。

（2）运行方面。舰船核动力同时受作战、海情、舰艇其他系统等多因素共同影响，导致其工况变化十分频繁。舰船核动力大多数时间处于低工况运行、短期运行（连续运行一段时间后便停堆）或重复短期运行；另外，在海上航行时，系统及设备会受到旋回、加速、摇摆等海洋条件影响。

布置在反应堆舱的一回路有关系统、设备工作环境恶劣，由于存在放射性，可接近性差，监测的局限性与故障的隐蔽性容易导致异常的发展和故障的积累，同时影响运行及保障人员对运行故障的诊断与处置。

核动力装置和运行及保障人员构成复杂的人－机交互系统，对人员技术水平要求高，需要多专业配合。因管理不善、操作失误等造成的故障占有相当的比例，长时间的海上航行甚至是水下生活，也会增加人员的失常现象。

（3）维修保障方面。舰艇既有不同等级的计划修理，也有航间修理和因其他原因而随机进行的非计划修理，核动力装置还包括反应堆换料这种特殊的维修项目。因此，计划修理的总体安排首先必须服从于换料需要、一回路的在役检查要求，其次是考虑船体和舰艇其他设备的情况。

舰艇为完成其使命任务，常常需要在海上对故障项目进行修复，特别对任何一次任务及任务中的任何一个阶段都不可缺少的动力装置的故障，更是如此。然而舰艇舱室空间狭窄，系统布置复杂，修理牵连工程大，既缺乏充分的维修保障又不能过于影响其他设备工作，这种修复作业往往难度较大，尤其是一回路还存在放射性的限制，一定数量的故障在航行中或短期内不可排除。因此，从这个角度出发，舰船核动力装置具有准单次系统（不可修系统）的特点。

舰艇航行时携带的维修备件有限，许多设备的备件只能在基地得到。对某些价格高、体积大的设备备件，基地储存也十分有限。由于经济上、管理上的原因，一些备件甚至不可能马上得到必要的补充。

充分的故障和维修现场数据,只有在良好的管理条件下和日积月累的收集过程中得到。尤其对核舰船,装备特殊,子样少,使用信息的记录内容、收集方式、数据的统计方法等方面需要作更深入的研究。

核动力装置是高新技术综合体,使用历史短,存在"首次遇到"的特殊性,缺乏参照物,缺乏处理经验与预见性,对维修、管理上的一些问题无法形成标准化程序。研究核动力装置可靠性,应当充分考虑上述几方面特点。对运行及保障人员来说,要注意使用可靠性的研究,合理使用与维护装置,保障设计功能的发挥(无故障地工作),保障装置在整个使用期中运行与维修费用最低,在满足安全性的前提下保证舰艇核动力装置使命任务的完成。

1.3.2 可靠性与运行及保障人员的关系

装备在实际使用时显示出的可靠性对用户是最有意义的,因此有固有可靠性和使用可靠性之分。固有可靠性(inherent reliability)是设计和制造赋予产品的,并在理想的使用和保障条件下所具有的可靠性。使用可靠性(operational reliability)是产品在实际的环境中使用时所呈现的可靠性,它反映产品设计、制造、使用、维修、环境等因素的综合影响。

装备寿命期内各种因素对可靠性的影响程度相差较大,统计如表 1-1 所列。

表 1-1　各因素对可靠性的影响程度

影响因素	影响程度
零部件材料	30%
设计技术	40%
制造技术	10%
使用(运输、操作安装、维修)	20%

影响使用可靠性的因素主要如下:

(1)使用环境。装置实际使用环境复杂多变,可能给设备可靠性带来影响。如一回路水质超标运行,因其他系统故障带来的设备二次损伤(舱室进海水、设备冷却系统故障或空气调节系统故障使设备超温等)。

(2)运行使用。指挥管理人员指挥不当;运行人员违反操作规程;运行人员操作水平低、疏忽等;对装备技术状态缺乏了解、研究,使用不合理。

(3)维修保障。由于频繁或粗劣的保养维修而进行过多的分解结合;作业中由于设备和工具的局限性,可能使有关零部件不便于分解结合,强行作业导致零部件损伤;维护工作项目规定不适当等。

从使用可靠性来看,作为用户的一方有很多事情要做,包括:使用方法、环境条件、维护方法、修理技术的提高,故障预测和诊断技术的改进,数据收集与分析,以及因固有可靠性设计的变更而改善了使用可靠性等。

现役的装备,固有可靠性已确定,从纯粹的使用者立场,对如何运行才能降低故障频数和等级,或即使发生部分故障,如何管理仍可使整体不失效等问题进行研究,是非常有意义的;其次,需要研究运行、维修中的可靠性问题,在整个使用阶段内以最低的费用来保持和恢复装置的使用可靠性水平;第三,为了积累使用信息以指导当前运行与维修,并适时反馈给研制部门以提高装置可靠性,运行及保障人员必须掌握一定的可靠性数据收集与统计分析技术。

1.3.3 学习提示

本书主要面向舰船核动力运行及保障人员,综合考虑可靠性工程、舰船核动力、运行使用等方面的因素,在舰船核动力可靠性工程学习中应注意以下几点:

(1) 注意数学方法与数据分析。概率论和数理统计是可靠性的主要基础理论,可靠性理论中很重要的是对故障现象及规律引入概率论观点,超越了经典物理学因果决定的认识。因此,可靠性的研究离不开各种数据的统计、分析与计算,必须重视掌握和利用数学手段。

数据积累是可靠性工程的重要基础,需要逐步认识实际数据统计的各个特性,培养分析、处理数据的能力,重视装备实际使用数据的积累与分析。将基本观点的理论探讨和具体数据的实际分析有机结合,是学习可靠性工程的关键。

(2) 注意与各专业技术的联系。一般而言,可靠性工程是通用技术,通用技术与固有技术相结合,才能发挥其应有的效果。因此,在掌握相应固有技术的基础上,再学习可靠性工程效果通常更好。

传统的信念是,如果掌握了现代进步的各种固有技术,就理应没有解决不了的问题。但现实并非如此。可靠性超越了用固有的技术观念和努力所能解决问题的界限,以"产生的事实"作为现实来进行研究分析。换句话说,可靠性技术的困难或称之为吸引力之一,是以超越这个界限所提出的问题为起点,去解决这些问题。

同时应认识到,不能把可靠性问题仅仅作为领域和技术中的一个局部问题来处理,而必须各方面共同协力,即以系统工程为出发点来认识它。

(3) 重视人为差错。随着系统的大型化、复杂化,人对系统可靠性的影响更加复杂多样,人的重要性也日益增大,核动力领域中已有这方面的教训。很多情况下,研究可靠性问题不能只孤立地研究装备本身,还必须考虑人的影响;特别是在分析使用可靠性相关问题时,更要注重分析人为失误及人员主观能动性的影响。

可靠性工程所含内容很广,研究方向众多,在核动力领域中的应用还需要更深入研究。本书的许多内容尚未成熟,不少问题未能展开讨论。因此,在学习与研究过程中,未尽之处可参阅有关的专著或文献,特别要着重在实践中应用并加深体会。

本 章 小 结

本章介绍了可靠性及可靠性工程的基本内涵,归纳了 20 世纪以来可靠性工程在军用装备研制、使用中所起的重要作用与地位。介绍了国内外可靠性工程发展的简要历史,总结了军用装备可靠性工程发展的现状与未来趋势。从可靠性的视角梳理分析了舰船核动力的特点、可靠性与运行及保障人员间的关系。最后，简要介绍了可靠性学科的特点，学习与研究可靠性问题应当注意的有关问题。

习　题

1. 请阐述可靠性与质量特性间的关系。
2. 为什么说可靠性在现代武器装备中将会变得越来越重要？
3. 请简要分析舰船核动力装置可靠性工作的特点。

第 2 章 可靠性基础

从 20 世纪 50 年代开始，可靠性作为一门独立的学科，已经发展出了一套比较完整的理论框架与数学基础，以及服务于可靠性工程的一系列设计、试验、评价等方法和程序。为了便于对装备可靠性进行描述与分析，必须对可靠性相关问题进行区分界定，并给出严格定义。为定量描述产品故障发生的规律及对可靠性试验和使用信息进行可靠性水平评定等，还需要利用概率统计理论等数学工具进行量化分析和描述。对于舰船核动力装置运行及保障人员，需要根据运行中的统计资料分析来估计装置使用的可靠性，以此制定运行计划和维修方案，保证核动力装置可靠地工作，并为新（或改进）的设计积累信息。

2.1 可靠性的内涵

2.1.1 可靠性的定义及分类

可靠性是装备质量的重要组成部分，是军用装备通用质量特性之一，它的定义是：产品（装备）在规定的工作条件下和规定的时间内，完成规定功能的能力。可靠性的概率度量称为可靠度。

可靠性的定义中包含了 5 个要点：

1. 产品

"产品"是一个非限定性的术语，可泛指作为单独研究对象的任何系统、分系统、设备、组件或零部件，也可以指硬件、软件或两者的结合。研究可靠性首先要明确研究对象，如研究核动力装置的可靠性问题，其对象可能是整个装置，也可能是其中的某台设备或某个零件；也可能是软件，如某一系统的内部的控制或驱动程序。在舰船核动力领域，经常使用"装备"这一术语来描述工作对象，因此在舰船核动力的可靠性分析中，需要考虑所研究装备与其他装备的联系，需要对所研究装备正确地分解，以明确研究的范畴与边界，如是否包括人为故障、是否包括软件故障等。

产品按发生故障后是否能维修，分为可修复产品和不可修复产品。可修复产品是指发生故障后可以通过修复性维修恢复到规定状态并值得修复的产品，如汽车、坦克、飞机、舰船等。不可修复产品则是指在技术上或成本上无法或不值得修复的产品，如日光灯、弹药、密封填料等。产品是否可修还受到维修条件的限制，比如当舰船核动力在海上执行任务时，许多涉核设备因不具备修复条件，在任务期间应视为不可修产品；当其返回母港后，因维修资源更加充裕，许多又可转化为可修产品。

2. 规定的条件

"规定的条件"包括使用时的环境条件和工作条件。产品可靠性与其工作的条件密切相关，同一个产品在不同的条件下表现出的可靠性水平有很大差异。例如，装备在工作环境较为恶劣的反应堆舱内实际运行，与在实验室条件下试验运行相比，其可靠性可能会有明显下降；另外，机械设备是否得到良好的保养，表现出来的可靠性将有很大差异。因此，在研究产品可靠性时，需要对产品的工作模式、维护方式、环境条件和操作过程等进行详细描述。一般环境条件包括气候环境、机械环境、热力环境、电力环境、电磁环境等；而工作条件通常就是寿命剖面、任务剖面所确定的条件，如产品是持续工作还是间歇工作的。比如，核动力舰船执行一次任务经历的启堆、航渡、巡航、发射、快速机动、返航等阶段，在不同阶段，舰船核动力所遭遇的环境和工作条件是不一样的。

产品在规定条件下使用是可靠性定义的前提条件，一旦超越了规定的条件，产品极有可能损坏或故障，但这种情况与产品的可靠性无关。例如，将民用级别的摄像头放到堆舱放射性条件下使用，由于缺乏辐射防护功能，很快就会失效，但不能因此就说这个摄像头的可靠性差，因为它发生故障的原因是未按规定的条件使用。

3. 规定的时间

"规定的时间"是指产品规定的任务时间。可靠性是与时间密切相关的产品属性，通常任务时间不同，可靠性水平也不同。可靠性定义中的"时间"是广义的，又称为寿命单位，它是对产品使用持续期的度量。根据装备的具体特性，可以是日历时间或运行时间，也可以是工作循环次数、航行距离或发射次数等。如管道腐蚀用日历时间，反应堆冷却剂泵用运行时间，构件的疲劳用应力作用次数，控制棒驱动机构用行程，安全阀用动作次数考虑，都属于时间范畴。通常，工作时间越长，产品的可靠性越低，产品的可靠性随着使用时间的延长会逐渐降低，即产品的可靠性是随时间延长的递减函数。

4. 规定的功能

"规定的功能"指产品规定的必须具备的功能及其技术指标，它是用于判断产品是否发生故障的标准。因规定的功能及技术指标判据不同，将得到不同的可靠性评定结果。例如，对舰船核动力装置，一种规定是只要能提供一定的功率就算完成功能；另一种规定是不仅要提供规定功率，而且还对水质、噪声和工质泄漏等指标有限制，这两种判据下装置的可靠性水平是不同的。

在工程实践中，产品发生的异常是一个困扰可靠性评价的重要问题，所以必须具体明确地规定功能和性能。因此，在规定产品可靠性指标要求时，一定要对规定条件、规定时间和规定功能予以详细具体的描述和规定，如果规定不明确、不具体，仅仅给出一个可靠性指标是难以验证的，或在验证中产品的研制方和订购方也很可能发生争议。

5. 能力

"能力"是产品本身的固有特性，是指产品在规定条件下和规定时间内完成规定功能的水平。由于装备使用中发生故障具有随机性，只有观察大量该种装备的工作情况并进行合理的处理后，才能正确地反映其可靠性，因而这里所讲的"能力"具有统计学的意义，所以一般用概率来定量描述可靠性定义中的能力。

图 2-1 所列为产品可靠性的 4 个要素及其简要说明。

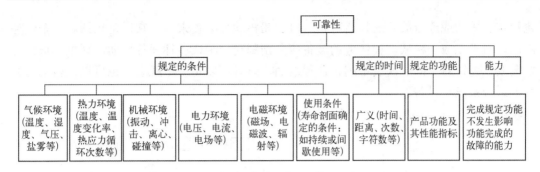

图 2-1 可靠性的要素

装备可靠性可分为固有可靠性和使用可靠性。固有可靠性是通过设计和制造赋予装备的，并在理想的使用和保障条件下所具有的可靠性，是装备的一种固有属性，也是装备开发者可以控制的。使用可靠性则是装备在实际使用条件下所表现出的可靠性，它反映装备设计制造、使用、维修和环境等因素的综合影响。固有可靠性水平肯定比使用可靠性水平高。

装备可靠性还可分为基本可靠性和任务可靠性。基本可靠性是装备在规定条件下和规定时间内无故障工作的能力，它反映装备对维修资源的要求。因此，在评定装备基本可靠性时，应统计装备的所有寿命单位和所有的关联故障，而不局限于发生在任务期间的故障，也不局限于是否危及任务成功的故障。任务可靠性是装备在规定的任务剖面内完成规定功能的能力。评定装备任务可靠性时，仅考虑在任务期间发生的影响任务完成的故障。因此，要明确任务故障的判据。提高任务可靠性可采用冗余或替代工作模式，不过这将增加装备的复杂性，从而降低基本可靠性。在实际使用时要在两者之间进行权衡。因此，同一装备的基本可靠性水平一般比任务可靠性水平低。

2.1.2 剖面与环境分析

"规定条件"是可靠性定义中的关键要素，实际装备的环境条件与工作条件通常是由寿命剖面和任务剖面给出。对于舰船核动力装置来说，剖面的含义是对核动力装置、系统和设备所发生的事件、过程、状态、功能及所处环境的描述。显然它们均与时间有关，是一种时序描述，可预计真实的工作状态和条件，进而将可靠性要求与这些工作状态和条件密切地联系起来。因此，较为准确地确定剖面是确定可靠性要求的必要条件。

剖面分为寿命剖面和任务剖面。

寿命剖面定义：装备从交付到寿命终结或退出使用这段时间内所经历的全部事件和环境的时序描述。寿命剖面说明了装备在整个寿命期经历的事件（如装卸、运输、储存、检测、维修、部署、执行任务等）以及每个事件的顺序、持续时间、环境和工作方式。图 2-2 所示为核动力装置寿命剖面内的主要事件与持续时间。

寿命剖面对建立系统可靠性要求是必不可少的。有些装备很大一部分时间处于非任务状态（如专设安全设施），非任务期间的长时间应力也会严重影响装备的可靠性。因此，必须把寿命剖面中非任务期间的特殊状况转化为设计要求。

任务剖面定义：装备在完成规定任务这段时间内所经历的事件和环境的时序描述，

包括任务成功或致命故障的判断准则。对舰船核动力装置来说，它通常包括若干个任务剖面，对于完成一种或多种任务的装备应分别制定一种或多种任务剖面。这里，根据分析需要，可针对不同层次装备制定任务剖面，装备可以是整个舰艇，也可以是核动力装置，或分系统、设备。

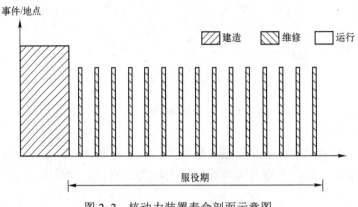

图 2-2 核动力装置寿命剖面示意图

执行不同的任务，就有不同的任务剖面。其内容一般包括：装备的工作任务、装备工作的环境条件、装备的工作模式、不同阶段内装备工作的持续时间、主要的随机事件以及任务成功准则和故障判别准则等。图 2-3 是核动力装置执行典型任务的剖面示意图。

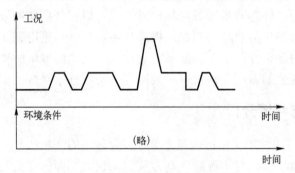

图 2-3 核动力装置典型任务剖面

通常，在装备研制过程中所说的剖面是根据装备系统的用途、风险要求，在指标论证时提出。但可靠性分析中所涉及的剖面，尤其是任务剖面是根据分析的现实需要确定的，不一定与研制过程确定的剖面严格一致。

2.2 故障的定义及分类

故障（失效）是可靠性工程中一个十分重要的概念。在工程中要提高产品可靠性，就要与故障做斗争。要评价产品可靠性，就要明确故障的定义及其分类。

2.2.1 故障的定义及内涵

故障是指产品不能执行规定功能的状态，通常指功能故障，因预防性维修或其他计划性活动或缺乏外部资源不能执行规定功能的情况除外。失效是指产品丧失完成规定功能的能力的事件。有时，还会用到缺陷这个概念，它是指可导致产品失效或故障的缺点。

在实际应用中，故障与失效这两个概念从严格意义上是不同的，但在应用中要做准确区分不是很容易。目前，对于故障与失效的区别，比较流行的观点主要有以下两种：一种观点认为，对于不可修复的产品习惯采用失效，如弹药、电子产品等。而对于可修复产品一般用故障表示，例如舰船、汽车、飞机等。另一种观点认为，故障与失效的区别在于失效描述的是事件，故障描述的是状态，故障是由失效（这里所说的失效通常是指系统内的子系统、部件等的失效）产生的状态。失效了必然有故障，有故障不一定就已经失效，有时候失效前已经产生了一定的故障。工程中有带故障运行的情况，这时候故障已经出现且在不断发展中，但尚未失效。在我国可靠性工程应用中，一般不对故障与失效进行严格的区分，如故障树分析也称为失效树分析，故障模式影响分析也称为失效模式影响分析。因此，本书也不做严格区分，多数情况下故障一词可用失效代替。

还有几个与故障密切相关的概念，故障模式是指故障的表现形式，如短路、开路、断裂、阀门打不开、电机绕组烧坏等。故障机理是指引起故障的物理的、化学的和生物的或其他的过程，如轴的断裂是材料强度的物理特性不够所导致的。故障原因是指引起故障的设计、制造、使用和维修等有关的因素。

2.2.2 故障的分类

产品的故障（失效）可以按多种方式分类，如按失效原因、程度、可否预测、发生速度、危害程度、特征以及产品寿命周期等，表2-1以汽车为例给出了常见的失效分类。

表2-1 失效分类及定义

分类原则	失效名称	定 义	举 例
按失效原因	误用失效	不按规定的条件使用产品而引起的失效	使用非适合型号的机油，导致发动机损坏
	本质失效	按规定的条件使用产品，由产品固有的弱点引起的失效	刹车失灵或发动机长期使用，导致气门封闭不严
	独立失效	不是由其他产品失效引起的失效	轮胎爆裂
	从属失效	由其他产品失效引起的失效	冷却系统故障，导致暖气系统无法正常工作
按失效程度	完全失效	产品的性能超过某种界限，以致完全丧失规定功能的失效	发动机太热，发动机零件损坏，无法启动
	部分失效	产品的性能超过某种界限，但没有完全丧失规定功能的失效	部分零件使用失效，冷却液泄漏，发动机冷却功能减弱
按失效可否预测	突然失效	通过事前检测或监控不能预测到的失效	突发车祸，刹车失灵
	渐变失效	通过事前或监控可以检测到的失效	轮胎磨损，刹车片磨损严重
按失效发生速度	突变失效	部分发生完全失效	刹车液压油管堵塞，刹车失灵
	退化失效	渐变而部分发生失效	油门长期使用，松懈，加油不给力
	间歇失效	产品失效后，不经修复而在限定的时间里，能自行恢复功能的失效	冬天发动机不易启动，天气暖和后自行改善
按失效危害程度	致命失效	可能导致人或物重大损失的失效	突发车祸，车辆变形严重
	严重失效	可能导致复杂产品降低完成规定功能能力的产品组成单元的失效	活塞磨损漏气，发动机动力不足

续表

分类原则	失效名称	定 义	举 例
按失效危害程度	轻度失效	不致引起复杂产品降低完全规定功能能力的产品组成单元的失效	滤清器损坏，供油系统故障，发动机无法正常工作
按失效特征	相关失效	在解释使用结果或计算可靠性特征量的数值时，必须计入的失效	活塞裙部半径加上环形防漏气的垫圈
	无关失效	在解释使用结果或计算可靠性特征量的数值时，不应计入的失效	汽车总重量不计入人的质量
按产品工作期	早期失效	因设计、制造、材料等方面的缺陷，使产品在工作初期发生的失效	导航系统无法更新，道路发生改变，无法正常导航
	偶然失效	产品在使用中，由偶然因素发生的失效	车内失火，座椅损坏，无法正常驾驶
	耗损失效	由于老化、磨损、耗损、疲劳等原因，使产品发生的失效	轮胎磨损失效，车灯损坏，蓄电池充不进去电

2.3 可靠性参数

为了便于定量描述产品的可靠性，需要采用一系列定量化的可靠性参数。

2.3.1 常用的可靠性参数

1. 可靠度

产品在规定的条件下和规定的时间内，完成规定功能的概率称为产品的可靠度。若以 T 表示产品的寿命，以 t 表示规定的时间，显然"$T>t$"的事件是一个随机事件，表示产品的寿命 T 大于规定的任务时间 t。产品的可靠性是用概率来度量的，因此，产品可靠度的数学表达式为

$$R(t)=P(T>t) \tag{2-1}$$

式中：T 为产品寿命；t 为规定时间。显然，当 $t=0$ 时，$R(0)=1$；当 $t \to \infty$ 时，$\lim_{t \to \infty} R(t) = 0$。

产品的可靠度可用频率公式来估计：

$$R(t) = \frac{N_0 - r(t)}{N_0} \tag{2-2}$$

式中：N_0 为 $t=0$ 时在规定条件下工作的产品数量；$r(t)$ 为工作至 t 时刻累计的故障数。

【例 2-1】 可靠度的计算。

假设有一批产品，从中抽取 15 个样品进行试验，失效情况如图 2-4 所示。在该柱状图中，纵坐标表示样品编号，横坐标表示试验时间（h），每一样品的柱子长度表示该样品的寿命终结时间，则在 1000h 时，其可靠度的观测值为 $\overline{R(t)} = 0.4$。

产品的可靠性参数是一个统计量值，就可靠度而言，它同产品在一定时间内的合格率或翻修率有密切的关系，是产品 $t>0$（可理解为产品交付用户使用后）时产品质量的重要度量指标。

2. 累积故障分布函数/不可靠度

不可靠度是指产品在规定的条件下，在规定的时间内、产品不能完成规定功能的概

率。它也是时间的函数，记作 $F(t)$，称为累积失效概率。产品的寿命是一个随机变量，对于给定的时间 t，概率论中称随机变量 T 不超过规定值 t 的概率为分布函数，因此产品失效分布函数的数学表达式为

$$F(t)=P(T \leqslant t) \tag{2-3}$$

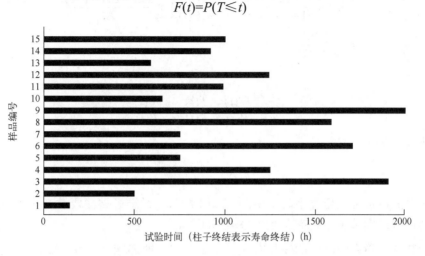

图 2-4 样品失效时间

显然，产品的可靠度与不可靠度之间存在如下关系：$R(t)+F(t)=1$。例 2-1 中，该产品在 1000h 时的不可靠度观测值为 0.6。

3. 故障概率密度函数

若函数 $F(t)$ 是连续可微的，则其导数称为产品的故障概率密度函数。故障概率密度函数表示产品在 t 时刻的单位时间内的失效概率，其数学表达式为

$$f(t) = \frac{\mathrm{d}F(t)}{\mathrm{d}t} \tag{2-4}$$

显然，产品的累积故障概率与故障概率密度函数之间有关系式

$$F(t) = \int_0^t f(t)\mathrm{d}t$$

因而，产品的可靠度可表示为

$$R(t) = 1 - F(t) = 1 - \int_0^t f(t)\mathrm{d}t = \int_t^\infty f(t)\mathrm{d}t \tag{2-5}$$

4. 失效率

失效率也称故障率，有的地方也称为瞬时失效率。它的定义是，在 t 时刻尚未失效的产品，在该时刻后的单位时间内发生失效的概率，称为产品的瞬时失效率，简称为失效率。

事件"工作到时刻 t 尚未失效"可表示为"$T>t$"，事件"在（t，$t+\Delta t$）内发生失效"可表示为"$t<T \leqslant t+\Delta t$"，于是装备已工作到时刻 t 尚未失效，而在随后（t，$t+\Delta t$）内发生失效的概率可表示为条件概率 $P(t<T \leqslant t+\Delta t|T>t)$，所以，有

$$\lambda(t) = \lim_{\Delta t \to 0} \frac{P(t<T \leqslant t+\Delta t|T>t)}{\Delta t}$$

由条件概率性质和事件相互关系，有

$$\lambda(t) = \lim_{\Delta t \to 0} \frac{P(t < T \leqslant t + \Delta t \mid T > t)}{\Delta t} = \lim_{\Delta t \to 0} \frac{P(t < T \leqslant t + \Delta t, T > t)}{P(T > t)\Delta t}$$

$$= \lim_{\Delta t \to 0} \frac{F(t + \Delta t) - F(t)}{[1 - F(t)]\Delta t} = \frac{1}{1 - F(t)} \lim_{\Delta t \to 0} \frac{F(t + \Delta t) - F(t)}{\Delta t} \quad (2\text{-}6)$$

$$= \frac{F'(t)}{1 - F(t)}$$

进一步可得

$$\lambda(t) = \frac{F'(t)}{R(t)} = \frac{f(t)}{R(t)} = -\frac{R'(t)}{R(t)} \quad (2\text{-}7)$$

解此微分方程，得

$$R(t) = e^{-\int_0^t \lambda(t')\mathrm{d}t'} \quad (2\text{-}8)$$

失效率的单位可采用每小时1%或每千小时1%，对于可靠性要求高的产品来说，常采用菲特作为基准单位，1菲特（FIT）$=1\times10^{-9}$/h。

一般装备故障率随时间的变化有3种基本形式，即递减型（decreasing failure rate，DFR）、恒定型（constant failure rate，CFR）、递增型（increasing failure rate，IFR），实际装备大多由具有多种故障形式的零部件组成。

装备于整个寿命周期内的一种典型故障率变化可用图2-5表示。这条曲线被形象地称为浴盆曲线，分为3个阶段：

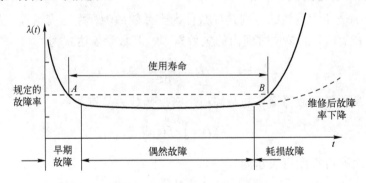

图2-5 装备的典型故障规律

故障率 $\lambda(t)$ 递减的部分，称装备的早期故障期。此段时间内，装备内寿命较短的部件、不适应外部环境的薄弱环节处，以及设计、工艺不良等缺陷引起的故障频繁发生，可以采用排除早期故障的方法使故障率稳定化。维修后的装备也有类似的早期故障期，需要重新磨合或老练。

过了早期故障期，故障率 $\lambda(t)$ 基本上随时间是恒定的，这时故障时间的分布为指数分布，故障的发生是随机的、偶然的，故称偶然故障期。该段时期装备的故障率最低，最为稳定，是装备的有效使用时期。通常装备的可靠性水平是以此期间为代表的。

最后阶段是故障率上升期，因构成装备的各种零部件磨损、老化使故障频繁发生，称为耗损故障期。在此期间，装备可靠性迅速降低，维修费用将急剧增加，如采用事先更换备件等预防性维修措施可以使故障率降下来，这样可延长可用寿命。应通过可靠性研究设法改变这条浴盆曲线，使早期故障率水平降低，过程缩短；耗损故障期推迟而偶然故障期延长，盆底的故障率水平下降。

2.3.2 产品的寿命特征量

一批产品中某一产品在失效发生之前，难以指出其寿命的确切值，但在掌握了一批产品寿命的统计规律后，就可以指出产品寿命小于某一阈值的概率，或产品寿命在某一数值范围内的概率。以下是在可靠性工作中，经常使用的寿命特征量。

1. 平均寿命（mean life）

对于不可修复的产品，平均寿命是指产品发生失效前的工作或储存时间的平均值，通常记作 MTTF（mean time to failure，平均失效前时间）；对于可修复的产品，平均寿命是指两次相邻故障间工作时间的平均值，通常记作 MTBF（mean time between failure，平均故障间隔时间）。产品平均寿命的理论值为产品寿命 T 的数学期望，其表达式为

$$E(T) = \int_0^\infty t f(t) \mathrm{d}t \tag{2-9}$$

对于指数分布，MTBF $= 1/\lambda$。

MTBF 的理解可以用图 2-6 来形象表示，图中：MTBF $= \sum_{i=1}^{n} T_i / n$。

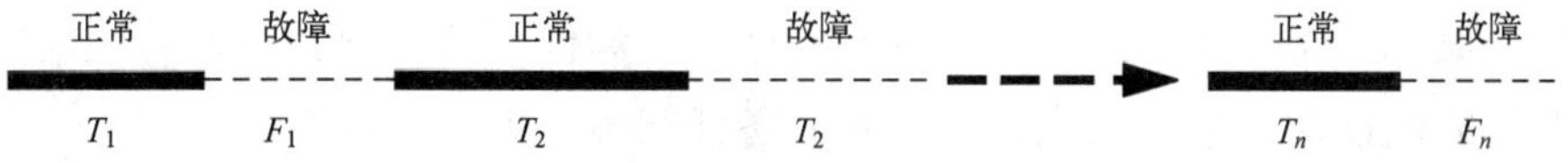

图 2-6 MTBF 示意图

MTBF 是产品平均故障间隔时间或者称为平均无故障工作时间。若产品的寿命满足指数分布，则 MTBF 等于其特征寿命，即当产品工作到时间 MTBF 时，产品的可靠度只有 36.8%。MTBF 越大，表明产品的可靠性越高。

2. 寿命方差与寿命标准离差

产品寿命 T 的方差称为产品的寿命方差，其理论值为

$$D(T) = \int_0^\infty [t - E(T)]^2 f(t) \mathrm{d}t \tag{2-10}$$

寿命方差的均方根，称为产品的寿命标准离差。

3. 可靠寿命

设装备的可靠度函数为 $R(t)$，使可靠度等于给定值 r 的时间 t_r 称为可靠寿命，其中 r 称为可靠水平，满足 $R(t)=r$。

当 $r=0.5$ 时，可靠寿命称作中位寿命，其物理意义表示：它恰好是一批装备失效一半所需的工作时间；当 $r=e^{-1}=0.368$ 时的可靠寿命称为特征寿命。

4. $B10$ 寿命

$B10$ 寿命最早用于描述轴承的可靠性和寿命。轴承的可靠性是随其工作时间逐渐下降，到了其耗损阶段，故障发生的频率会陡然增高，进入故障高发期。针对这个问题，人们提出一个非常朴素的做法，收集轴承的故障时间数据，通过统计方法得到10%的轴承发生故障的时间点，用 $B10$ 表示这个时间点，如果轴承工作到这个时间点仍未失效，也需要对其进行维修或更换。

比 $B10$ 寿命更广泛的描述为 BX 寿命，比较常见的有 $B0.1$、$B1$、$B5$、$B10$、$B50$ 寿命，对于汽车类产品，一般用 $B10$ 寿命表达其整车和成件的可靠性。

假设某产品的故障累积函数为 $F(t)$，根据 $B10$ 寿命的定义：$F(B10)=10\%$，则

$$B10 = F^{-1}(0.1)$$

5. 总寿命

指在规定条件下，产品从开始使用到规定报废的工作时间、循环次数和（或）日历持续时间。

6. 使用寿命

产品使用到必须大修或报废时（从技术上或经济上考虑不易再使用）的寿命单位数称为使用寿命，有些地方也称为更换寿命。度量使用寿命时需要规定允许的故障率，允许故障越高，使用寿命就越长。如果没有允许故障率的要求和规定，对可修产品而言，使用寿命是难以评定的。

7. 储存寿命

产品在规定的储存条件下能够满足规定要求的储存期限称为储存寿命，有时也称为储存期限。储存寿命在武器装备中是一个重要的可靠性参数，因为武器装备都需要长期储存，对于舰船核动力装置来说，许多备品备件就需要关注储存寿命。

8. 首次大修期限

指在规定条件下，产品从开始使用到首次大修的工作时间和（或）日历持续时间，有时也称为首次翻修期限，或简称为首翻期。翻修是指把产品分解成零部件，清洗、检查，并通过修复或替换故障零部件，恢复产品寿命等于或接近其首翻期的修理活动。通常把可靠寿命或使用寿命作为首翻期的基值。

9. 翻修间隔期限

指在规定条件下，产品两次相继翻修间隔的工作时间、循环次数和（或）日历持续时间。

2.3.3 可靠性参数间的关系

由产品可靠性参数的基本概念可以看出：产品的可靠度与故障累积分布函数之间为互逆关系，产品故障累积分布函数与故障分布密度函数之间为微积分关系，因此，可以构建如图 2-7 所示的关系图。

由图 2-7 可知，只要知道方框中的 $R(t)$、$F(t)$、$f(t)$、$\lambda(t)$ 这 4 个函数中的任何一个，就可以顺着箭头方向按相应的方程式，求出所有的可靠性参数。

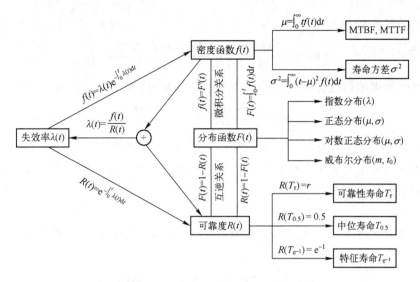

图 2-7 可靠性参数间的相互关系

2.3.4 与广义可靠性相关的其他参数

1. 维修性参数

维修性是指装备发生故障后能尽快修复到正常状态的能力，定义为：装备在规定的条件下和规定的时间内，按照规定的程序和方法进行维修时，保持或恢复到规定状态的能力。这与可靠性的定义正好对应，所不同的是可靠性是从正常状态变为不正常状态的能力，而维修性是从非正常状态恢复到正常状态的能力。

1）维修度

维修性用概率来表示，就是维修度 $M(t)$，即装备在规定的维修条件下和规定的时间内，按规定的程序和方法进行维修时，由故障状态恢复到规定状态的概率。可表示为

$$M(t) = P(T \leqslant t) \tag{2-11}$$

式（2-11）表示维修度是在一定条件下，完成维修的时间 T 小于或等于规定维修时间 t 的概率。显然 $M(t)$ 是一个概率分布函数。

维修度可以根据理论分析求得，也可按照统计定义通过试验数据求得。根据维修度定义：

$$M(t) = \lim_{N \to \infty} \frac{n(t)}{N} \tag{2-12}$$

式中：N 为维修的装备总（次）数；$n(t)$ 为 t 时间内完成维修的装备（次）数。

在工程实践中，试验或统计现场数据 N 为有限值，用估计量 $\hat{M}(t)$ 来近似表示 $M(t)$，有

$$\hat{M}(t) = \frac{n(t)}{N} \tag{2-13}$$

2）维修时间密度函数

既然维修度 $M(t)$ 是时间 t 完成维修的概率，那么它有概率密度函数，即维修时间密

度函数，可表示为

$$m(t) = \frac{\mathrm{d}M(t)}{\mathrm{d}t} = \lim_{\Delta t \to 0} \frac{M(t+\Delta t) - M(t)}{\Delta t} \quad (2\text{-}14)$$

维修时间密度函数的估计量 $\hat{m}(t)$ 可由式（2-13）得到，即

$$\hat{m}(t) = \frac{n(t+\Delta t) - n(t)}{N\Delta t} = \frac{\Delta n(t)}{N\Delta t} \quad (2\text{-}15)$$

式中：$\Delta n(t)$ 为从 t 到 $t+\Delta t$ 时间内完成维修的装备（次）数。

维修时间密度函数表示单位时间内修复数与送修总数之比，即单位时间内装备预期被修复的概率。

3）修复率

修复率 $\mu(t)$ 是在 t 时刻未能修复的装备，在 t 时刻后单位时间内修复的概率，可表示为

$$\mu(t) = \lim_{\substack{\Delta t \to 0 \\ N \to \infty}} \frac{n(t+\Delta t) - n(t)}{(N - n(t))\Delta t} = \lim_{\substack{\Delta t \to 0 \\ N \to \infty}} \frac{\Delta n(t)}{N_s \Delta t} \quad (2\text{-}16)$$

其估计量：

$$\hat{\mu}(t) = \frac{\Delta n(t)}{N_s \Delta t} \quad (2\text{-}17)$$

式中：N_s 为 t 时刻尚未修复数（正在维修数）。

在工程实践中常用平均修复率或取常数修复率 μ，即单位时间内完成维修的次数，可用规定条件下和规定时间内，完成维修的总次数与维修总时间之比表示。

4）平均修复时间 MTTR（mean time to repair）

平均修复时间即排除故障所需实际修复时间平均值，其度量方法为：在一给定期间内，修复时间的总和与修复次数之比

$$\mathrm{MTTR} = \sum_{i=1}^{N} T_i / N \quad (2\text{-}18)$$

当装备由 n 个可修复项目（分系统、组件或元器件等）组成时，平均修复时间为

$$\mathrm{MTTR} = \sum_{i=1}^{n} \lambda_i \cdot \mathrm{MTTR}_i / \sum_{i=1}^{n} \lambda_i \quad (2\text{-}19)$$

式中：λ_i 为第 i 项目的故障率；MTTR_i 为第 i 项目的故障时的平均修复时间。

维修性参数的计算和可靠性无多大差异，但应注意，可靠性是由设计、制造、试验过程中的各种因素决定的，而维修是通过人员工作使故障修复，因而可靠性与维修性对于人的因素依赖程度不同，维修性可以在设计阶段进行维修性设计，如考虑易检查、易检测、易更换等要求，另外与维修人员的技术水平、维修工具、备件的准备情况以及维修组织、设施和管理水平等有关，可以归纳为维修三要素，即维修性设计、维修技术人员、维修系统。而且后两要素的影响因素很多。

评定维修性时还应分清时间的层次，分析花费的各种时间，如将维修时间分为故障检测时间、实际修理时间、调整校准时间等。

2. 综合性参数

在实际工作中经常综合考虑可靠性与维修性等参数，可以称为综合性参数。本书主要介绍可用性及可用度。

可用性（A）定义为装备在任一随机时刻需要和开始执行任务时，处于可工作或可使用状态的程度，其概率度量也称可用度。可用度是时间的函数，经过一定时间后达到稳定，称为稳态可用度。

可用度是装备使用部门最关心的重要参数之一，它是系统效能的重要因素。在工程实践中，根据不能工作时间包含的内容，常常使用两种稳态可用度：

固有可用度 $$A_\mathrm{i} = \frac{\mathrm{MTBF}}{\mathrm{MTBF}+\mathrm{MTTR}} \tag{2-20}$$

使用可用度 $$A_\mathrm{o} = \frac{U}{U+D} = \frac{能工作时间}{能工作时间+不能工作时间} \tag{2-21}$$

两者差别在分母上，使用可用度所考虑的不能工作时间，除了修复时间外还包括计划修理、保养和延误等使用管理时间，这不完全是装备的固有可靠性能所保证的。对核动力装置这样的大型装备而言，在长期使用情况下，通常只要知道长时间的 A 就够了，这称为平均可用度，表达式同式（2-21）。

计算可用度的前提，是对能工作时间（up time）和不能工作时间（down time）进行定义和分类，如果规定不明确，会引起误解和混乱。图 2-8 所示为一个时间关系框图，既考虑了系统正常工作时间，又考虑了停机时间，为可用性和有关因素的讨论建立了良好的基础。

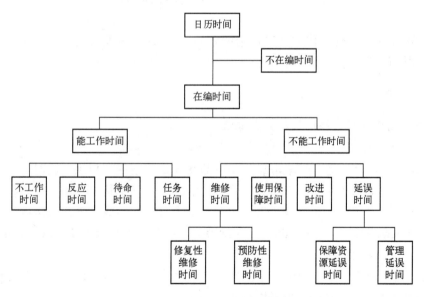

图 2-8　时间关系框图

图 2-8 中，预防性维修是指在装备或系统故障发生之前进行的维修活动（如检查、更换、修理、调整、添注等），修复性维修（事后维修）是指故障发生后的维修。需要指出的是，图 2-8 中的时间分类不是绝对的，对不同的设备及用途可有所差异。比

如，对重视安全性与注重开机率（任务需要的功能输出）的情况，对单机与机组系统情况，其时间分类就不尽相同，如预防性维修是否算作能工作时间等，应根据具体情况而定。

可用度 A 可通过可靠度 R 与维修度 M 的等高线图表示，如图2-9所示。从图上可直观看出，为了满足一定的 A 值，可以采取提高 R（增大MTBF）的办法，也可以采取增大 M（缩小MTTR）的办法，究竟哪种办法有利，要根据装备的使用特点和费用—效益分析做出选择。

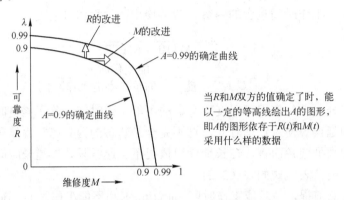

图2-9 可用度 A 与可靠度 R 和维修度 M 的关系

2.4 可靠性参数的使用

2.3节给出了可靠性工作中经常使用的各种参数，这些参数根据具体定义的不同可用于描述不同的问题，适用于不同场合。

2.4.1 不同的分类使用

1. 用于描述基本可靠性与任务可靠性

1）基本可靠性

由前面学习可以知道，基本可靠性指产品在规定的条件下与规定的时间内，无故障工作的能力。基本可靠性反映产品对维修资源的要求。确定基本可靠性值时，应统计产品的所有寿命单位和所有的关联故障。常见的基本可靠性参数有平均故障率、平均故障间隔时间（mean time between failures，MTBF）、平均维修间隔时间（mean time between maintenance，MTBM）等。

（1）平均故障率。平均故障率是指在规定条件下和规定时间内，产品的故障总数与寿命单位总数之比，这实际上指平均故障率。

【例2-2】 已知某型装备电源从服役到数据收集时的总工作时间为50000h，发生故障20次，则该型电源故障率为 $20/50000=(4/10000)h^{-1}$，即其平均故障率为0.04%。

（2）平均故障间隔时间。平均故障间隔时间是指在规定的条件下和规定的时间内，产品的寿命单位总数与故障总次数之比。当产品的寿命单位为飞行时间、行驶里程时，可以表示为平均故障间隔飞行小时和平均故障里程。

(3) 平均维修间隔时间。平均维修间隔时间是考虑维修策略的一种可靠性参数，其度量方法为：在规定条件下和规定时间内，产品寿命单位总数与产品计划维修和非计划维修事件总数之比。

【例 2-3】 某产品生产现场有多台设备，在 1 周内共发生 24 次故障，其维修时间间隔（单位：天）：55,28,125,47,53,36,88,51,110,40,75,64,115,48,52,60,72,87,105,55,82,66,65。该产品的平均维修间隔时间的估计为：

$$\overline{T}_{\mathrm{CT}} = (55 + 28 + 125 + \cdots + 66 + 65)/23 = 68.65$$

2) 任务可靠性

任务可靠性是产品在规定的任务剖面内完成规定功能的能力。确定任务可靠性指标时仅考虑任务期间那些影响任务完成的故障（严重故障）。常见的任务可靠性参数有任务可靠度、平均严重故障间隔时间（mission time between critical failures，MTBCF）等。

(1) 任务可靠度。任务可靠度是任务可靠性的概率度量，指产品在规定的任务剖面内完成规定功能的概率。

(2) 平均严重故障间隔时间。平均严重故障间隔时间是与任务有关的一种可靠性参数，其度量方法为：在规定的一系列任务剖面中，产品任务总时间与严重故障总数之比。

2. 用于描述固有可靠性和使用可靠性

根据可靠性参数使用的场合与时机，可分为固有可靠性参数和使用可靠性参数。用于描述固有可靠性的参数，如固有可靠度、固有可用度、固有失效率等。用于描述使用可靠性的参数，如使用可靠度、使用可用度、使用失效率等。

3. 用于描述耐久性

装备的耐久性是指装备在达到极限状态之前保持其工作能力的性能，研究的是装备在整个使用期内的工作情况，且认为如果不采取维修和预防措施去恢复在使用过程中丧失了的工作能力，装备是不能长时期工作的。

装备的零件、部件和整机寿命参数是有区别的。根据某种条件（如可靠度、维修和维护保养制度），零件使用期限（寿命）T 值可以确定，但对于由成百上千个零件组成的复杂装备，情况要复杂得多，每一个零件都有各自的使用期限，而且根据故障原因的不同或使用要求的不同，一个零件可能会有多个使用期限。

常用的耐久性参数主要是各类寿命参数，如平均寿命、可靠寿命、使用寿命、储存寿命等。

4. 用于描述工程应用中的可靠性需求

按照可靠性参数所反映的目标，将其分为 4 类：与战备完好性、任务成功性、维修人力费用和保障资源费用相关的参数，其说明与示例如表 2-2 所列。

表 2-2 可靠性参数反映目标的说明及示例

反映目标	说明	示例
战备完好性	军事单位接到命令时，实施其作战计划能力	如：MTBF、MTBM
任务成功性	任务开始给定的可用性下，系统在规定的任务剖面内任意时刻能够工作和完成规定功能的能力	如：MCSP、MTBCF

续表

反映目标	说明	示例
维修人力费用	系统需要维修人力的频度与多寡	如：MTBF、MTBM、MTTR
保障资源费用	系统堆备件、维修工具、维修设备等的要求	如：MTBR

注：MTBF——平均故障间隔时间（mean time between failures）：在规定的条件下和规定的时间内，产品的寿命单位总数与故障次数之比；MTBM——平均维修间隔时间（mean time between maintenance）：一种与维修方针有关的可靠性参数，其度量方法为：在规定的条件下和规定的时间内，产品寿命单位总数与该产品计划和非计划维修时间总数之比；MCSP——完成任务的成功概率（mission completion success probability）：在规定的条件下和规定的时间内，系统完成任务的成功概率；MTBCF——致命故障间的任务时间（mission time between critical failures）：在规定的一系列任务剖面中，产品任务总时间与致命性故障数之比；MTTR——平均修复时间（mean time to repair）：在规定的条件下和规定的时间内，产品在任一规定的维修级别上，修复性维修总时间与该级别上被修复产品的故障总数之比；MTBR——平均拆卸间隔时间（mean time between removals）：在规定的时间内，系统寿命单位总数与从该系统拆下的产品总次数之比。

2.4.2 可靠性指标

可靠性工程贯穿于装备的全寿命周期，但决定装备可靠性水平的主要是研制过程。为了确保产品的可靠性水平，必须在研制过程中提出明确的可靠性要求（包括定性要求和定量要求），并在研制及实际使用过程对这些要求进行验证。本节主要介绍装备研制中可靠性的定量要求，即可靠性指标。可靠性指标在形式上有可靠性使用参数、可靠性合同参数、目标值、门限值、规定值、最低可接受值等。

（1）可靠性使用参数。直接反映对产品/系统使用需求的可靠性参数，其要求的量值称为可靠性使用指标（简称为使用指标），一般用使用可靠性值表示。

（2）可靠性合同参数。在合同中描述订购方对系统可靠性要求的，并且是承包商在研制与生产过程中能够控制的参数，其要求的量值称为可靠性合同指标（简称合同指标），一般用固有可靠性值表示。

（3）目标值。期望系统达到的使用指标，它既能满足使用需求，又可使系统达到最佳效费比，是确定规定值的依据。

（4）门限值。系统必须达到的使用指标，它能满足系统的使用要求，是确定最低可接受值的依据。

（5）规定值。合同中规定的期望系统达到的合同指标，它是承包商进行可靠性设计的依据。

（6）最低可接受值。合同中规定的、系统必须达到的合同指标，它是进行考核或验证的依据。

图 2-10 所示为可靠性指标在产品寿命周期各阶段的时序关系。

（1）在论证阶段，由使用方根据装备的使用需求和可能，经过论证提出装备的"目标值"，并以此确定"门限值"（一般是针对使用参数的）。

（2）在方案阶段，由使用方与承制方协调，确定最终的"目标值"和"门限值"，并确定研制结束时的门限值——"研制结束门限值"，并将其转化为合同参数对应的"规定值""最低可接受值"及"研制结束最低可接受值"。

（3）在工程研制阶段，进行可靠性分配，确定装备各层次产品的设计目标——"设计值"（与装备成熟期的"目标值"对应的"规定值"，而非研制结束时的最低可接受值），经过可靠性设计分析及可靠性增长，实现设计目标。

（4）在设计定型时，经过验证获得"验证值"，用以验证是否达到研制结束时的最低可接受值。

（5）在使用阶段，经过验证获得此阶段的"验证值"，用以验证装备可靠性是否达到使用方要求的"目标值"，最低不能低于"门限值"。

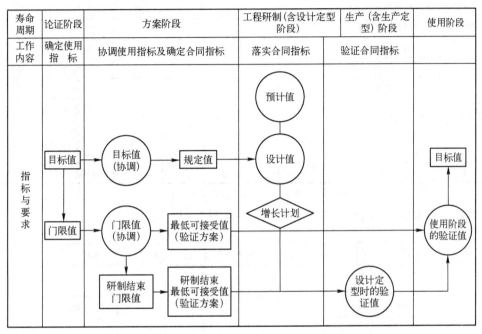

图 2-10　可靠性指标在产品寿命周期各阶段的时序关系

2.4.3　舰船装备的 RMS 指标

可靠性定量要求的制定，即对定量描述装备可靠性的参数的选择及其指标的确定。对不同的装备类型或在不同环境条件下使用的装备，描述产品可靠性定量要求的可靠性参数与指标是有所不同的，应根据具体装备的实际情况而定。舰船核动力是长寿命、可维修、可重复使用、任务时间长、使用环境恶劣的大型复杂系统。海军舰船远离基地长时间执行作战任务，要求具有较高的战备完好性和任务成功性。舰船装备典型的 RMS 参数如表 2-3 所列。

表 2-3　舰船装备 RMS 基本参数表

RMS 类别	参数名称	参数类别		选用的产品层次				验证时机	验证方法
		合同	使用	舰船	系统	分系统和设备			
综合参数	使用可用度（A_o）	√	√	☆	○			部队使用	评估
	固有可用度（A_i）	√		☆	○			部队使用	评估
可靠性	任务可靠度（R_m）	√	√	☆	☆			部队使用	评估
	平均故障间隔时间（MTBF）	√	√		○	☆		定型，试用	试验，评估
	计划维修间隔时间		√	☆	○			部队使用	评估

31

续表

RMS 类别	参数名称	参数类别		选用的产品层次			验证时机	验证方法
		合同	使用	舰船	系统	分系统和设备		
维修性	平均修复时间（MTTR）	√	√		O	☆	定型，试用	试验，评估
	计划维修时间		√	☆	O		部队使用	评估
测试性	故障检测率（F_{DR}）	√				☆	定型，试用	试验，评估
	故障隔离率（F_{IR}）	√				☆	定型，试用	试验，评估
	虚警率（F_{AR}）	√				☆	定型，试用	试验，评估
保障系统及其资源	备航时间	√		☆			部队使用	评估
	备件满足率	√	√		☆	O	部队使用	评估
	备件利用率	√			☆		部队使用	评估
	现行保障设备、设施通用化率	√		☆	O		定型，试用	试验，评估
	平均后勤延误时间（MLDT）		√	☆			部队使用	评估
耐久性	使用寿命		√	☆	O		部队使用	评估

注：☆——优先选用参数；O——选用参数；√——使用的参数类型。

舰船装备 RMS 各项基本参数的相互关系如图 2-11 所示。

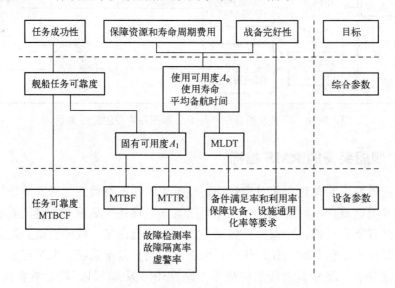

图 2-11　舰船装备 RMS 参数相互关系

2.5　可靠性工程的常用概率分布

产品的可靠性参数都是随机变量，要运用概率论的理论和方法来研究这些随机变量的规律。虽然概率分布能很好地描述随机变量的性质，但在工程中人们往往不清楚随机变量的分布属于哪一种类型。因此，通常的做法是先讨论几种典型的重要分布类型，再把某产品的可靠性随机变量的现场数据或试验数据用概率纸或计算机对其进行统计处理，若它与某种分布函数符合，则称某随机变量服从某种分布。把分布函数描绘在函数坐标纸上，则称为分布函数曲线。运用分布曲线可以简便地估计出函数在某一时刻的数值。在可靠性工程中，常用的分布函数有：两点分布、二项分布、泊松分布、均匀分布、正态分布、对数正态分布、指数分布、威布尔分布等，本节将介绍其中比较常用的几种分布。

2.5.1 离散型概率分布

当随机变量在一定区间内的取值为有限个或可数个时，称为离散型随机变量，例如：一次可靠试验结束后产品的故障数、给定时间内发生故障的次数、人口出生数等。在进行可靠性抽样试验以及产品质量保证等工程实践中经常要用到离散型概率分布，其中常用的分布函数有二项分布和泊松分布。

1. 二项分布

对于成败型产品，如果一次试验中产品失败的概率为 p，进行 n 次独立重复的试验，其中失败 k 次（$s=n-k$ 是成功次数），用随机变量 X 表示失败次数，其发生概率用参数为 (n,p) 的二项分布表示：

$$P(X=k) = \frac{n!}{(n-k)!k!} p^k (1-p)^{n-k}, 0 < p < 1 \qquad (2-22)$$

则称 X 服从二项分布。假设批产品的不合格率为 p，批量为 N，在其中随机抽取 n 个样品，$n \leqslant N$，则 n 个样品构成的子样中的不合格品数 X 即为二项分布。

二项分布的数学期望和方差分别为 np 和 $np(1-p)$。

二项分布广泛应用于可靠性和质量控制领域，比如产品的抽样检验、一次性使用产品（如火工品、火箭、导弹）的可靠性数据分析等。在可靠性设计中，当系统使用部分冗余时，可用二项分布计算系统成功的概率。

【例 2-4】 已知某设备工作成功的概率为 0.98，现将该设备组成的系统设计为 3 取 2 的冗余系统，试计算系统成功的概率。

解：设 $R=0.98$ 为单机成功概率，$R(S)$ 为系统成功概率，现要求系统中 3 台设备至少有 2 台完好工作，则

$$R(S) = \sum_{i=2}^{3} C_3^i R^i (1-R)^{3-i} = R^3 + 3R^2(1-R)$$

$$= 0.98^3 + 3 \times 0.98^2 \times (1-0.98) = 0.9988$$

在实际工程中，二项分布主要适用于这样的情况：从一个次品率为 p 的大批量产品中抽出样本容量为 n 的样品，抽样的结果不显著改变整批的比例。如舰船核动力的某些大批量备品备件的质量管理、冗余系统的可靠度计算、一次性产品的可靠度计算就可以采用这一模型。

2. 泊松分布

考虑以"产品在时间 $(0,t)$ 内受到外界冲击次数"为代表的一类随机现象，一般有如下特点：

(1) 在 ($a,a+t$) 这段时间内,产品受到 k 次冲击的概率与起点 a 无关,仅与时间长度 t 有关。

(2) 在两段不相重叠的时间 (a_1,a_2) 和 (b_1,b_2) 内,产品受到的冲击次数是相互独立的。

(3) 在充分短的时间 ($0,t$) 内,产品受到两次或两次以上冲击的概率可以忽略不计,而受到一次冲击的概率近似为 λt。

这就是冲击流模型。设 X 为时间 ($0,t$) 内受到的外界冲击次数,显然它是离散型随机变量,则可推得它的分布列:

$$P(X=k) = \frac{(\lambda t)^k}{k!} e^{-\lambda t}, \quad t>0, k=0,1,2,\cdots \quad (2\text{-}23)$$

式中:$\lambda>0$ 是参数,称为冲击强度。

对于可修产品,若一旦受到外界"冲击"即发生故障,故障发生后进行修理,产品修复后投入工作,则泊松分布可以反映"冲击流"模型下一段工作时间 t 内的故障次数分布。

可以推得泊松分布中冲击次数 X 的数学期望为

$$E(X) = \lambda t \quad (2\text{-}24)$$

由此可见,λ 的意义是单位时间内平均故障(冲击)次数。泊松分布的均值 $E(X)=\lambda$,方差 $D(X)=\lambda$。

实际上由于二项分布计算比较繁琐,而泊松分布被认为是当 n 为无限大时的二项分布的扩展。事实上,当 $n>20$,并且 $p \leqslant 0.05$ 时,就可以用泊松分布近似表示二项分布。

【例 2-5】 控制台指示灯平均失效率为每小时 0.001 次。如果指示灯的失效数不能超过 2 个,问该控制台工作 500h 的可靠度是多少?

解:已知 $p=0.001$,$n=500$,$k \leqslant 2$,由泊松分布表达式得

$$P(X \leqslant 2) = \sum_{k=0}^{2} \frac{(np)^k}{k!} e^{-np} = e^{-0.5} + 0.5e^{-0.5} + \frac{(0.5)^2}{2} e^{-0.5} = 0.986$$

在实际工程中,泊松分布主要适用于这样的情况:有多个元件都可能失效,但每个元件发生失效的概率都比较小;事件出现的次数可以测试(或确认),但事件不出现的次数无法测试(或确认);事件发生在时间上是随机的。例如装备中机器出现故障的次数。

2.5.2 连续型概率分布

当随机变量在一定区间内变量取值有无限个或数值无法一一列举时,称为连续型随机变量,例如:装备的寿命、人类的身高体重、某个仪表的读数等。可靠性工程中常用的连续型统计分布类型有指数分布、正态分布、对数正态分布和威布尔分布。

1. 指数分布

1) 分布的基本描述

在可靠性理论中,最基本、最常用的分布就是指数分布。在前面的冲击流模型中,如果产品经受不住外界的冲击,第一次冲击来到时产品即发生故障,则

$$R(t) = P(T > t) = P(在(0,t)内无冲击) = P(X=0) = \frac{(\lambda t)^k}{k!} e^{-\lambda t}\big|_{k=0} = e^{-\lambda t} \tag{2-25}$$

$$F(t) = 1 - R(t) = 1 - e^{-\lambda t} \tag{2-26}$$

$$f(t) = F'(t) = \lambda e^{-\lambda t} \tag{2-27}$$

$$\lambda(t) = f(t)/R(t) = \lambda \tag{2-28}$$

可以求出寿命 T 的数学期望与方差分别为

$$E(T) = 1/\lambda, \quad D(T) = 1/\lambda^2$$

指数分布的重要特征是故障率为常数，因此可用来描述产品工作进入浴盆曲线偶然故障期的故障规律。

令 $t=1/\lambda$（对于可修产品，t 即为平均故障间隔时间），则 $R(1/\lambda)=e^{-1}=0.368$，这说明在指数分布场合下，只有小部分产品（约占 36.8%）的寿命超过其平均寿命。

指数分布具有一个非常重要的性质——"无记忆性"，即产品工作一段时间 T_0 后，再工作一段时间 t 的可靠概率与起点 T_0 无关，仅与这段时间长度 t 有关，就像新产品从头工作一样，即工作过程中没有老化或耗损效应。可作如下证明：

$$R(t|T_0) = \frac{R(T_0+t)}{R(T_0)} = \frac{e^{-\lambda(T_0+t)}}{e^{-\lambda(T_0)}} = e^{-\lambda t}$$

指数分布具有许多优点：

（1）参数估计简单容易，只有一个变量。
（2）在数学上非常容易处理。
（3）适用性非常广。
（4）大量指数分布的独立变量之和还是指数分布，即具有可加性。

2) 分布的原理及应用

指数分布是可靠性理论中最基本、最常用的一种分布，它最显著的特征是失效率等于常数。因此，适合于描述许多产品在偶然失效期的寿命分布。其产生的基本原理是无累积效应失效。在工程实践中，大多数产品无累积效应的失效，基本可以认为其服从指数分布，多数电子产品的失效以及突发重大事故大多属于此类。

对电子产品来说，当产品进入偶然失效期间，可认为其失效率是常数，与时间无关，当产品在某种偶然"冲击"（如电应力或温度载荷等）作用下失效，没有这种"冲击"，该产品就没有失效时，可认为该产品的失效服从指数分布。当系统是由大量元件组成的复杂系统，其中任何一个元件失效就会造成系统故障，且元件间失效相互独立，失效后立即进行更换，经过较长时间的使用后，该系统可用指数分布来描述。另外，经过老练筛选，消除了早期故障，且进行定期更换的产品，其工作基本控制在偶然失效阶段，也可以使用指数分布。有时也作为修复时间的分布，其原因除了它在许多情况下的确描述了寿命分布的规律外，还因为它是单参数连续分布，形式简单，且具有无记忆性，在数学上便于处理。

但是，正是由于指数分布具有缺乏"记忆"的特性，因而限制了它在机械可靠性研究中的应用，因为指数分布的这种特性，与机械零件的疲劳、磨损、腐蚀、蠕变等损伤过程是矛盾的,所以指数分布一般不能作为机械零部件的寿命分布。再者,由于指数分布失效率为常数,对于失效率发生变化的情况,不能有效模拟,限制了其在工程领域的应用。

2. 正态分布

1) 分布的基本描述

正态分布又称为"高斯分布",其概率密度为

$$f(t) = \frac{1}{\sqrt{2\pi}\sigma} \exp\left[-\frac{(t-\mu)^2}{2\sigma^2}\right], -\infty < t < \infty \tag{2-29}$$

它的累积分布函数为

$$F(t) = \frac{1}{\sqrt{2\pi}\sigma} \int_0^t \exp\left[-\frac{(t'-\mu)^2}{2\sigma^2}\right] dt' \tag{2-30}$$

计算可靠度和故障概率时,需要对正态分布进行标准化。令 $z = (T-\mu)/\sigma$,则

$$\phi(z) = \frac{1}{\sqrt{2\pi}} \exp\left(-\frac{z^2}{2}\right), \quad \Phi(z) = \int_{-\infty}^{z} \phi(z') dz' \tag{2-31}$$

$$F(t) = P(T \leqslant t) = P\left(\frac{T-\mu}{\sigma} \leqslant \frac{t-\mu}{\sigma}\right)$$
$$= P\left(z \leqslant \frac{t-\mu}{\sigma}\right) = \Phi\left(\frac{t-\mu}{\sigma}\right) \tag{2-32}$$

同理:

$$R(t) = 1 - \Phi\left(\frac{t-\mu}{\sigma}\right) \tag{2-33}$$

$$\lambda(t) = \frac{f(t)}{R(t)} = \frac{f(t)}{1 - \Phi\left(\frac{t-\mu}{\sigma}\right)} = \frac{\phi\left(\frac{t-\mu}{\sigma}\right)/\sigma}{1 - \Phi\left(\frac{t-\mu}{\sigma}\right)} \tag{2-34}$$

式中, $\phi(\cdot)$ 为标准正态分布函数。其参数 μ 和 σ 分别称为位置参数和尺度参数,也称均值和标准差。正态分布图形如图 2-12 所示。

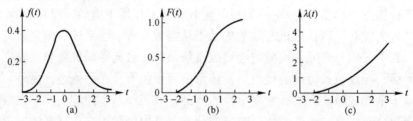

图 2-12 正态分布的 $f(t)$、$F(t)$、$\lambda(t)$ 的曲线

【例 2-6】 假设某发电机的寿命服从正态分布,其 μ=300h,σ=40h。试求当任务时间为 250h 时,发电机的可靠度是多少?

解:已知发电机寿命服从 $N(300, 40^2)$,由 $z=(x-\mu)/\sigma$ 可得

$$R(250) = P\left(z > \frac{x-\mu}{\sigma}\right) = P\left(z > \frac{250-300}{40}\right)$$
$$= P(z > -1.25) = 1 - \Phi(-1.25) = 0.89$$

由于产品的寿命取负值是没有意义的，因此在用正态分布描述时，随机变量的取值从 0 开始至 ∞，这样处理在 $\mu \geqslant 3\sigma$ 时差别是很小的，当 $\mu \geqslant 3\sigma$ 的条件不满足时，可以用截尾正态分布来处理。

2）分布的原理及应用

正态分布是应用比较广泛的分布之一，其失效机理是：多微因合成，没有主导因素。它是由大量相互独立，微小的随机因素的总和构成的，且每一随机因素对总和的影响是均匀微小的，即可认为此随机变量服从正态分布。其根本原因是当某一数值受到很多外部变化因素的影响时，不论这些变化如何分布，其最终合成分布会逼近统计正态分布，这就是中心极限定理。对可靠性而言，正态分布有两种基本用途：一种是用于分析由于磨损（如机械装置）、老化、腐蚀而发生故障的产品，磨损故障往往最接近正态分布，所以正态分布可以有效地预计或估算产品的可靠性，比如舰船核动力装置各类旋转机械的磨损故障，管、阀系统的腐蚀性故障等；另一种是用于对制造的产品及其性能进行分析及质量控制，按照同一规范制造出来的两个零件是不会完全相同的，正态分布可对大多数质量控制和某些可靠性观测值（如机加工零部件的尺寸、经受损耗失效的工件寿命，以及诸如成人的身高和材料强度等自然现象）进行贴切拟合。还有一种用途是用于机械可靠性设计与分析。

对于寿命数据符合正态分布的产品，通常时间特性比较明显，在使用到某个特定时间后性能衰退较快，因而可以据此制定合理的维修计划。

3．对数正态分布

1）分布的基本描述

当产品寿命的对数服从正态分布时，则产品的寿命就服从对数正态分布，记为 $LN(\mu, \sigma^2)$，其故障密度函数为

$$f(t) = \frac{1}{\sqrt{2\pi}\sigma t} \exp\left[-\frac{(\ln t - \mu)^2}{2\sigma^2}\right], \quad \sigma, t > 0 \tag{2-35}$$

此外

$$F(t) = \frac{1}{\sqrt{2\pi}\sigma} \int_0^t \frac{1}{t} \exp\left[-\frac{(\ln t - \mu)^2}{2\sigma^2}\right] dt = \Phi\left(\frac{\ln t - \mu}{\sigma}\right) \tag{2-36}$$

$$R(t) = 1 - \Phi\left(\frac{\ln t - \mu}{\sigma}\right) \tag{2-37}$$

$$\lambda(t) = \frac{f(t)}{R(t)} = \frac{f(t)}{1 - \Phi\left(\frac{\ln t - \mu}{\sigma}\right)} = \frac{\Phi\left(\frac{\ln t - \mu}{\sigma}\right)/(\sigma t)}{1 - \Phi\left(\frac{\ln t - \mu}{\sigma}\right)} \tag{2-38}$$

对数正态分布是一个单峰偏态的分布，图 2-13 所示为 μ 相同、σ 不同的几条对数正态分布密度函数和故障率曲线，它们的共同特点是先上升后下降。

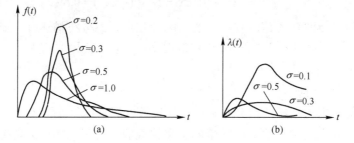

图 2-13　对数正态分布的 $f(t)$ 和 $\lambda(t)$ 曲线

可以算得寿命 T 的数学期望与方差分别为

$$E(T) = e^{\mu+0.5\sigma^2} \tag{2-39}$$

$$D(T) = (e^{\sigma^2} - 1)e^{2\mu+\sigma^2} \tag{2-40}$$

2）分布的原理及应用

对数正态分布的成因一般认为是，某个由许多影响因素综合作用下产生的变量 X，当这些因素对 X 的影响并非都是均匀微小的，而是个别因素对 X 的影响是显著突出的，变量 X 将由于不满足中心极限定理而发生偏斜，由此形成对数正态分布。另外，对数正态分布也可看作相互独立的正随机变量乘积的近似分布。

对数正态分布是一种偏向左侧的正态分布，对于一些不完全服从正态分布的随机变量能够较好模拟。对数正态分布近年来在可靠性领域中受到重视，常用于半导体器件的可靠性分析和某些机械零件的疲劳寿命分析；尤其对于维修时间的分布，一般都选用对数正态分布。

【例 2-7】　某厂生产的直径 5mm 的钢丝弹簧，要求承受耐剪力强度为 30×10^3Pa，且弹簧在工作应力条件下承受 10^6 次载荷循环以后立即更换。根据以往的试验，该弹簧在恒定应力条件下的疲劳寿命服从参数 μ=6.1399、σ=0.1035 的对数正态分布，试问在更换之前，弹簧失效的可能性有多大？若要保证更换前具有 99% 的可靠度，应在多少次循环前更换？

解：首先应计算在 10^6 次循环弹簧的失效概率，即

$$F(10^6) = \Phi\left(\frac{\ln 10^6 - 6.1399}{0.1035}\right) = \Phi(7.6756) \approx 1$$

然后计算保证可靠度为 0.99 时的可靠寿命，即

$$t_{0.99} = e^{6.1399 + \mu_{1-0.99} \times 0.1035} = 364.7684 \text{（次）}$$

故需在 364 次循环时更换。

4. 威布尔分布

1）分布的基本描述

实际中不少产品的故障率不为常数，假如其 $\lambda(t)$ 是按照幂函数规律变化的，譬如

$$\lambda(t) = \frac{mt^{m-1}}{t_0}, \quad m, t_0, t > 0 \tag{2-41}$$

那么，当 $m>1$ 时，$\lambda(t)$ 是递增的；当 $m<1$ 时，$\lambda(t)$ 是递减的；当 $m=1$ 就是指数分布情形，图 2-14（a）对 $t_0=1$ 画出几条故障率曲线。

相应地可推出：

$$R(t) = \exp\left[-\int_0^t \lambda(t')\mathrm{d}t'\right] = \exp\left(-\frac{t^m}{t_0}\right) \tag{2-42}$$

$$F(t) = 1 - \exp\left(-\frac{t^m}{t_0}\right) \tag{2-43}$$

$$f(t) = F'(t) = \frac{mt^{m-1}}{t_0}\exp\left[-\frac{t^m}{t_0}\right] \tag{2-44}$$

这就是威布尔分布，m 称为形状参数，t_0 称为尺度参数。图 2-14（b）画出对固定 $t_0=1$，形状参数 m 对威布尔分布密度函数的影响；图 2-14（c）对固定的 m 画出尺度参数 t 对威布尔分布密度函数的影响。

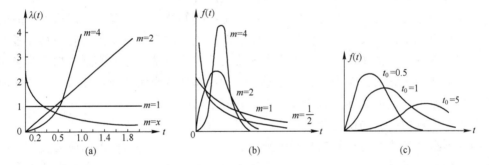

图 2-14　威布尔分布的 $\lambda(t)$、$f(t)$ 曲线

当 $m=3\sim4$ 时，$f(t)$ 曲线已接近于正态分布。

2）分布的原理及应用

威布尔分布是由最弱环模型导出的。最弱环模型认为故障发生在产品的构成因素中最弱部分，这相当于构成链条的各个环节中最弱环节的寿命就是整个链条的寿命，而链条的寿命就服从威布尔分布，这一点对认识威布尔分布的实际背景是很有好处的。一般地，凡是因为某一局部故障就会引起全局功能丧失的元器件、设备、系统等的寿命都服从威布尔分布。机械中的疲劳强度、疲劳寿命、磨损寿命、腐蚀寿命等大多服从威布尔分布。对于机电系统和电子系统，这些系统或设备的疲劳失效、磨损失效等，也可认为服从威布尔分布。由于威布尔分布既包括故障率为常数的模型，也包括故障率随时间变化的递减或递增模型，因而，它可以描述更为复杂的失效过程。许多产品的故障率是单调递增的，威布尔分布可以很好地描述产品疲劳、磨损等耗损性故障，在可靠性工程中应用极广。

威布尔分布可以用来对机械设备中许多通用的零部件（齿轮、轴承、密封件等）进行可靠性预计与评价，用于检验失效分布形式，确定分布参数，验证和确定可靠性指标，分析失效机理和变化趋势，比较新老设计方案等。

尽管威布尔分布已经在机械可靠性工程领域取得了许多的应用，为可靠性设计和可靠性试验的数据分析提供了有效的概率模型，在基于统计的可靠性领域占有非常重要的地位。但是，与指数分布、正态分布和对数正态分布相比，模型相对复杂，需要确定的分布参数较多，应用范围受到一定限制。

在可靠性工作中，有时还会遇到其他一些分布形式，如超几何分布、贝塔分布、伽马分布等，其具体应用可参考相关文献资料。

2.5.3 概率分布的选用

产品可靠性的所有数量特征，都与该产品可靠性参数的分布函数密切相关。如果已知分布函数，则失效密度函数、失效率函数以及可靠寿命等许多特征量都可以求出。即使不知道具体的分布函数，如果已知寿命分布的类型，也可以通过对分布的参数估计，求得某些可靠性特征量的估计值。因此，研究产品的可靠性参数分布十分重要。

在工程实践中，产品形式各异、品种繁多，可靠性分布类型也多种多样，因此，确定产品的可靠性分布类型十分重要，通常也比较困难。

在选用分布类型时，一般有两种方法：一是根据其物理背景确定，即认为产品的可靠性分布与内在结构以及物理、化学、力学性能有关，与产品发生失效时的物理过程有关。通过失效分析，证实该产品的失效模式或失效机理与某种分布类型的物理背景相接近时，可由此确定它的分布类型。二是通过进行可靠性寿命实验或者分析产品在使用过程中的失效数据，利用统计推断的方法来判断属于何种分布。

在确定、选用产品的使用分布时，还应该注意：

（1）分布类型往往与产品的类型无固定的明确关系，而是与施加的应力类型、产品的失效机理和失效模式有关，这在前面介绍各分布类型时已有涉及，在实际应用中应该注意分析。

（2）指数分布在可靠性工作中应用广泛，但不能什么产品都直接套用，否则可能会产生很大的误差。

2.6 可靠性参数的估计

在可靠性工程中，数理统计是进行数据整理和分析的基础，其基本内容是统计推断。随机变量的概率分布虽然能很好地描述随机变量，但通常不能对研究对象的总体都进行观测和试验，只能从中随机地抽取一部分子样进行观察和试验，获得必要的数据，进行分析处理，然后对总体的分布类型和参数进行推断。

可靠性参数的估计涉及以下基本概念。

（1）总体：指研究对象的全体，也称为母体。

（2）个体：指组成总体的每个基本单元。

（3）样本：指在总体中随机抽取的部分个体，也称为子样。

（4）样本值：指在每次抽样之后，测得的具体数值，记为 $x_1, x_2, \cdots, x_n$。

（5）样本容量：指样本所包含的个体数目，记为 n。

（6）随机抽样：指不掺入人为的主观因素而具有随机性的抽样，即具有代表性和独立性的抽样。

子样 $x_1, x_2, \cdots, x_n$ 是从母体中随机抽取的，它包含母体的各种信息。因此，子样是很宝贵的。若不对子样进行提炼和加工处理，母体的各种信息仍然分散在子样中。为了充分利用子样所包含的各种信息，可以把子样加工成一些统计量，例如：

（1）子样均值 $\bar{x} = \dfrac{1}{n}\sum\limits_{i=1}^{n} x_i$，它集中反映了母体数学期望的信息。

（2）子样方差 $S^2 = \dfrac{1}{n-1}\sum\limits_{i=1}^{n}(x_i - \bar{x})^2$，它集中反映了母体方差的信息。

（3）样本极差，$R = \max(x_1, x_2, \cdots, x_n) - \min(x_1, x_2, \cdots, x_n)$，它可以粗略地反映母体的分散程度，但不能直接用于估计母体的方差。

2.6.1 分布参数的点估计

对母体参数的点估计（point estimation），是用一个统计量的单一值去估计一个未知参数的数值。

如果 X 是一个具有概率分布 $f(x)$ 的随机变量，样本容量为 n，样本值为：$x_1, x_2, \cdots, x_n$，则与其未知参数 θ 相应的统计量 $\hat{\theta}$ 为 θ 的估计值。这里，$\hat{\theta}$ 是一个随机变量，因为它是样本数据的函数。在样本选好之后，就能得到一个确定的 $\hat{\theta}$ 值，这就是 θ 的点估计。

在点估计的解析法中，有很多方法可以选择，如矩法、最小二乘法、极大似然法、最好线性无偏估计、最好线性不变估计、简单线性无偏估计和不变估计等。矩法只适用于完全样本；最好线性无偏估计和不变估计已有国家标准 GB 2689.4—1981《寿命试验和加速寿命试验的最好线性无偏估计法（用于威布尔分布）》，但只适用于定数截尾情况，在一定样本量下有专用表格；极大似然法和最小二乘法适用于所有情况，极大似然法是精度最好的方法。

极大似然估计（maximum likelihood estimate，MLE）是一种重要的估计方法，它利用总体分布函数表达式及样本数据这两种信息来建立似然函数。它具有一致性、有效性和渐近无偏性等优良性质，但它的求解方法是最复杂的，需用迭代法并借助计算机求解。

例如，设随机变量 X 服从正态分布，其母体的均值 μ 和方差 σ^2 未知，但可证明，样本的均值就是未知的母体均值 μ 的点估计，即 $\mu = \bar{x}$；样本的方差 S^2 是母体方差 σ^2 的点估计，即 $\sigma^2 = S^2$。

当满足 $E(\hat{\theta}) = \theta$ 时，$\hat{\theta}$ 则为未知参数 θ 的无偏估计值。

子样均值 $\bar{x}$ 和子样方差 S^2 分别作为母体均值 μ 和方差 σ^2 的估计，就是最常用的无偏估计。

【例 2-8】 已知从 4 条钢琴钢丝获取的抗拉强度为：0.198，0.192，0.201，0.183（单位：MPa）。基于这些数据，可以推导出点估计的下列表达式：

$$\bar{x} = \frac{0.198 + 0.192 + 0.201 + 0.183}{4} = 0.1935$$

且样本标准差为

$$S = \sqrt{\frac{1}{4-1}\sum_{i=1}^{4}(x_i - 0.1935)^2} = 0.0079$$

2.6.2 分布参数的区间估计

在实际问题中，对于未知参数 θ，并不以求出它的点估计 $\hat{\theta}$ 为满足，还希望估计出一个范围，并希望知道这个范围内包含未知参数 θ 真值的置信概率，这种形式的估计称为区间估计（interval estimation）。

1. 置信区间与置信度

设总体分布中有一个未知参数 θ，若由样本确定两个统计量量 θ_L 和 θ_U，对于给定的 $\alpha(0 \leqslant \alpha \leqslant 1)$，满足

$$P(\theta_L < \theta < \theta_U) = 1 - \alpha \tag{2-45}$$

则称随机区间 (θ_L, θ_U) 是 θ 的 $100(1-\alpha)\%$ 置信区间（confidence interval）。θ_L 和 θ_U 称为 θ 的 $100(1-\alpha)\%$ 置信限（confidence limit），并称 θ_L 和 θ_U 分别为置信下限和置信上限，百分数 $100(1-\alpha)\%$ 称为置信度（confidence degree），而 α 称为显著性水平（significant level）。

假如计算置信度为90%的置信区间，就是说在90%的情况下，母体参数的真值会处于计算的置信区间内，或者说有10%的情况下，真值会处于置信区间外。假如要求99%地相信在给定样本容量的情况下，真值处于一定置信区间内，则必须扩大区间，或者如果希望保持规定的置信区间，就必须扩大样本的数量。

总之，置信区间表示计算估计的精确程度，置信度表示估计结果的可信性。

2. 双侧区间估计

在给定置信度 $(1-\alpha)$ 的情况下，对未知参数的置信上限和置信下限作出估计的方法称为双侧区间估计（two-side confidence estimate），又称双边估计。

【例2-9】 对某产品进行寿命估计，说它有90%的可能在 4000~5000h，即置信度为90%，置信上限为5000h，置信下限为4000h，可表示为

$$P(4000 < \theta < 5000) = 0.9$$

3. 单侧区间估计

如果只要求对未知数的置信下限或置信上限作出估计，而置信度为 $(1-\alpha)$，即

$$P(\theta_L < \theta) = 1 - \alpha$$
$$P(\theta < \theta_U) = 1 - \alpha$$

这种区间的估计称为置信度为 $(1-\alpha)$ 的单侧区间估计（one-side confidence estimate），也称单边估计。

单侧区间估计应用较多。例如，对于产品的寿命，通常人们并不关心最长是多少，而很关心不低于某个值。

若已知随机变量 X 的方差 σ^2，样本容量 n，样本值 $x_1, x_2, \cdots, x_n$，则对于母体均值 μ 的置信区间估计可以由其样本值 $\bar{x}$ 的抽样分布得到，即已知方差，对母体均值 μ 进行区间估计。

由中心极限定理可知，若随机变量 X 为正态或近似正态分布，则样本均值 $\bar{x}$ 的抽样分布也为正态分布。因此，统计量 $z=(\bar{x}-\mu)/(\sigma/\sqrt{n})$ 的分布为标准正态分布。统计量 z 介于 $-z_{\alpha/2}$ 和 $z_{\alpha/2}$ 之间的概率为

$$P(-z_{\alpha/2} < z < z_{\alpha/2}) = 1-\alpha$$

或

$$P\left(-z_{\alpha/2} < \frac{\bar{x}-\mu}{\sigma/\sqrt{n}} < z_{\alpha/2}\right) = 1-\alpha$$

因此，母体均值 μ 的置信下限和上限分别为

$$\mu_L = \bar{x} - \frac{z_{\alpha/2}\sigma}{\sqrt{n}} \tag{2-46}$$

$$\mu_U = \bar{x} + \frac{z_{\alpha/2}\sigma}{\sqrt{n}} \tag{2-47}$$

由以上各式可知，置信区间都与样本量 n 有关。

【例 2-10】 设总体 $X \sim N(\mu, 0.09)$，随机抽得 4 个独立观察值 x_1，x_2，x_3，x_4，其均值为 5。求总体 μ 的 95%置信区间。

解：已知 $\alpha=1-0.95=0.05$，$n=4$。
$\sigma = \sqrt{0.09} = 0.3$，相应的标准变量 $z_{\alpha/2} = z_{0.025}$，查正态分布表可得 $z_{\alpha/2}=1.96$，因此由式（2-46）和式（2-47）可得 μ 的上限值和下限值分别为：

$$\mu_L = 5 - \frac{z_{\alpha/2}\sigma}{\sqrt{n}} = 5 - \frac{1.96 \times 0.3}{2} = 4.706$$

$$\mu_U = 5 + \frac{z_{\alpha/2}\sigma}{\sqrt{n}} = 5 + \frac{1.96 \times 0.3}{2} = 5.294$$

因此，母体均值 μ 的 95%置信度下的置信区间为[4.706，5.294]。

2.6.3 拟合优度检验

估计出分布参数后，还需要进行拟合优度检验，目的是为了进一步验证根据统计数据所建立的寿命分布是否合理。合理则接受这种分布来描述该类产品的故障规律，不合理则拒绝。

常用的拟合优度检验方法可分为两类。

(1) 一般检验方法：适用于多种分布函数的检验方法，例如卡方（χ^2）拟合度检验。

(2) 专门检验方法：适用于某类特定分布函数的检验方法，例如：适用于指数分布的 Bartlett 检验，适用于威布尔分布的 Mann 检验，以及适用于正态分布和对数正态分布的 K-S（Kolmogorov-Smirnov）检验。

实际应用中当样本量较少时，专门检验方法的性能优于卡方检验；但是当样本量非常小时，专门检验方法的能力也有限，还需要进行概率图分析；若收集到的数据无法恰当地拟合成某种分布时，可直接使用经验分布。

本 章 小 结

本章首先介绍了可靠性的定义及分类、故障（失效）的定义及分类，介绍了可靠性工程最基本的参数——可靠度、累积分布函数、失效密度函数、失效率等基本概念；在此基础上介绍了可靠性工程常用的寿命特征量，并分析了这些可靠性参数间的关系，还简单介绍了与广义可靠性（可用性）相关的概念；然后以装备可靠性工程实践需求为牵引，讨论了可靠性参数在不同场合下的分类使用问题，介绍了军用装备研制过程经常使用的可靠性指标，简要介绍了舰船装备常用的 RMS 指标及可靠性领域常用的分布类型，讨论分析了不同分布适用的场合；最后简单介绍了可靠性参数的估计方法。

习　题

1．阐述可靠性的定义，并分析概念中的几个要素。
2．阐释装备寿命剖面与任务剖面的含义，并分析舰船核动力装置的任务剖面通常应包含哪些要素。
3．从严格意义上讲，故障与失效有何区别？
4．请分析 MTTF、MTBF、MTTR 的含义。
5．请分析基本可靠性与任务可靠性、固有可靠性与使用可靠性之间的区别？
6．分析产品的累积故障分布函数 $F(t)$、可靠度函数 $R(t)$、故障率函数 $\lambda(t)$ 和故障密度函数 $f(t)$ 之间关系，并推导相互间的数学表达式。
7．有一寿命服从指数分布的产品，当工作时间等于产品的 MTBF 时，有百分之几的产品能正常工作？当工作时间等于产品的 MTBF 的 1/10 时，产品的可靠度是多少？
8．某产品的寿命服从 $\mu=10$，$\sigma=2$ 的对数正态分布，试求 $t=300h$ 的可靠度与故障率。
9．指数分布和威布尔分布有何特点？为何在可靠性领域得到广泛应用？

第 3 章 系统可靠性分析

可靠性分析是可靠性工程的重要组成部分，它可应用于系统设计、生产制造及使用等各个阶段。根据分析对象是否为基本单元，可分为单元可靠性分析与系统可靠性分析，两者采用的分析方法不同。本章主要介绍系统可靠性分析的基本概念及相关方法。对舰船核动力运行保障人员来说，有必要掌握系统可靠性分析与计算方法，结合舰船核动力装置特点，增强科学管装能力，以提高其使用可靠性。

3.1 概　　述

系统是由相互作用和相互依赖的若干单元结合而成的具有特定功能的有机整体。从狭义上讲，通常仅指能完成某种功能的硬件系统，如舰船核动力装置，就是具有提供舰艇动力功能的由管道、机械、设备、控制和保护等若干部分有机组合而成的一个复杂系统；从广义上讲，系统应当包括完成某种功能所需的硬件、软件、人员及技术等要素。本书后面的讨论中，大多地方以系统的狭义定义为主，但有的地方指的则是广义的系统，应注意区分。

系统定义中所说的"系统""单元"是一种相对概念，一个典型的军用装备通常按照层次可划分为：零部件、组件、设备、分系统、系统、装置等。可以说，"系统"包含"单元"，但其层次高于"单元"。在工程实践中，我们有时将一定层次的产品视为不再细分的基本单元，这些基本单元的可靠性分析称为单元可靠性分析。它一般是通过试验与使用数据的统计分析或者基于失效物理等机理性分析等获得可靠性水平。系统可靠性分析是在单元可靠性已知的基础上开展的，它通过分析单元间的可靠性关系及相互影响而获得可靠性水平。

从实际分析过程来看，系统可以是一个具有一定功能的组件，也可以是一个由许多不同功能分系统（单元）组成的、能完成许多复杂功能的装置。这里，分系统是系统的组成部分，本身要完成其各自的规定功能，并与系统中其他分系统发生联系。系统的概念是相对的，一个系统可能是另一个更大范围系统中的一个分系统，如舰船核动力装置是由一回路、二回路、推进器等组成的一个系统，但在研究整个舰艇时，又可以把核动力装置看作一个分系统，它与船体、电子系统、操纵系统、武备系统等分系统共同组成整个舰艇系统；再如装置中的主冷却剂系统，一方面作为分系统与反应堆装置辅助系统、专设安全设施、放射性废物处理系统共同组成核动力装置一回路系统，另一方面本身作为系统又由核反应堆本体、蒸汽发生器、主冷却剂泵以及相应的管路阀门等组成。所以如何选择系统，要根据研究问题的需要来定，作为分系统时，是将其看作一个整体而不去分析其内部的构成；看作系统时，则是要考虑其内部构成，剖析系统与其构成之间的联系。

随着科学技术的发展，技术装备越来越复杂。一方面，系统中所用的零件、部件、设备、分系统越来越多，客观上容易导致系统越来越不可靠；另一方面，得益于科技发展，系统功能越来越强大，对系统可靠性的要求也越来越高。因此需要定量研究系统可靠性，并且想方设法提高系统可靠性。系统的可靠性是由组成系统的各单元的可靠性和系统与各单元之间的可靠性结构关系所决定，当零部件（元器件）的可靠性达到一定水平后，继续提高的代价很高，此时可以利用系统可靠性结构上的巧妙安排来达到提高系统可靠性的目的。因此，20 世纪 60 年代以来，系统可靠性得到了深入的研究，其成果也得到了广泛应用。系统可靠性分析成为可靠性理论的重要组成部分。

3.2　系统可靠性建模

3.2.1　系统可靠性模型的概念

系统的各种特性可以采用多种模型来加以描述。例如，原理图反映了系统及其组成单元之间的物理连接与组合关系；功能框图及功能流程图反映了系统及组成单元之间的功能关系；可靠性模型则描述了系统与其组成单元之间的故障逻辑关系。图 3-1～图 3-3 分别是舰船核动力装置一回路系统的结构原理图、功能框图与可靠性框图。

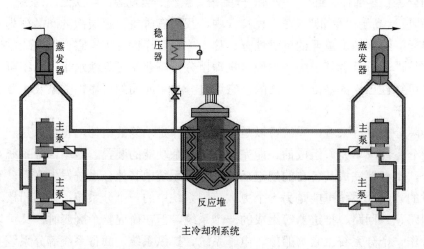

图 3-1　一回路系统的结构原理图

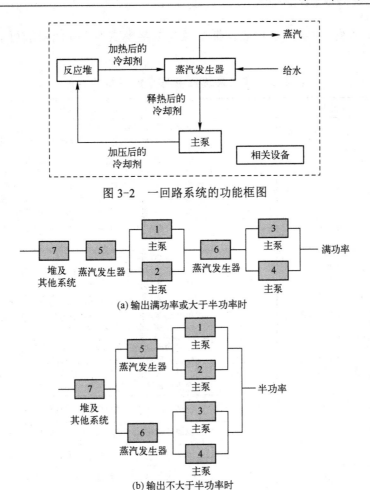

图 3-2　一回路系统的功能框图

(a) 输出满功率或大于半功率时

(b) 输出不大于半功率时

图 3-3　一回路系统的可靠性框图

系统的原理图、功能框图和流程图是建立可靠性模型的基础，它们不能与可靠性框图混为一谈。建立可靠性模型有多种方法，如可靠性框图、故障树模型、事件树模型、马尔可夫模型、GO 图模型等。这些方法在描述工具、表达能力上有所差异，但其逻辑本质是一致的。对于图 3-1 所示的一回路系统：当系统功能是提供 100%功率时，其可靠性框图如图 3-3（a）所示；当系统功能是提供 50%功率时，其可靠性框图如 3-3（b）所示。从这里可以看出，要建立正确的可靠性模型，首先必须弄清楚系统的结构组成和功能要求。

建立可靠性模型的目的主要包括：①进行定量的可靠性分配与预计；②评价产品的可靠性，比较不同的设计方案；③发现薄弱环节，研究提高系统可靠性的措施；④研究对维修、后勤保障的要求。根据建模目的不同，可靠性模型可以分为基本可靠性模型和任务可靠性模型。

在实际工作中，可根据分析目的不同，建立相应的基本可靠性模型或任务可靠性模型。为了建立正确的可靠性模型，尤其是任务可靠性模型，必须对系统的构成、原理、功能、接口等各方面有深入的理解。实际工程中建立系统任务可靠性模型的程序通常如表 3-1 所列，本章将以可靠性框图及其数学模型为主介绍系统可靠性建模的基本过程。

表 3-1　建立系统任务可靠性模型的程序

建模步骤			说明
（1）规定产品定义	①确定任务和功能	功能分析	产品可能具有多项功能并用于完成多项任务，每一项任务所需要的功能可能不同，应进行功能分析并针对每项任务建立可靠性模型
	②确定工作模式		确定特定任务或功能下产品的工作模式以及是否存在替代工作模式。例如，通常超高频发射机可以用于替代甚高频发射机发射信号，是一种替代工作模式。如果某项任务需要甚高频与超高频发射机同时工作，则不存在替代工作模式
	③规定性能参数及范围	故障定义	规定产品及其分系统的性能参数及容许上、下限。如输出功率、信道容量的上下限等
	④确定物理界限与功能接口		确定所分析产品的物理界限和功能界限。如尺寸、质量、材料性能极限、安全规定、人的因素限制、与其他产品的连接关系等物理界限及功能接口
	⑤确定故障判据		应确定和列出构成任务失败的所有判别条件。例如核动力装置提供的功率水平不小于 50%。故障判据是建立可靠性模型的重要基础，必须预先予以确定和明确
	⑥确定寿命剖面及任务剖面	时间及环境条件分析	从寿命剖面及任务剖面中可以获得在完成任务过程中产品可能经历的所有事件的发生时序、持续时间、工作模式和环境条件。当产品具有多任务且任务分为多阶段时，应采用多种多阶段任务剖面进行描述
（2）建立可靠性框图	⑦明确建模任务并确定限制条件		包括产品标志、建模任务说明及有关限制条件
	⑧建立系统可靠性框图		依照产品定义，采用方框图的形式直观地表示出在执行任务时所有单元之间的相互依赖关系。在建立方框图时，应明确每个方框的顺序并标示方框。每个方框应只代表一个功能单元
	⑨确定未列入模型的单元		给出没有包含在可靠性方框图中的所有硬件和功能清单，并予说明
（3）建立可靠性数学模型	⑩系统可靠性数学模型		对已建好的可靠性框图建立相应的数学建模，以表示产品及其组成单元之间的可靠性数量关系

3.2.2　系统功能分析

由前所述，对系统构成、原理、功能、接口等各方面深入的分析是建立正确的系统任务可靠性模型的前导。前导工作的主要任务就是进行系统的功能分析。本节将从功能的分解与分类、功能框图与功能流程图、时间分析、任务定义及故障判据等 4 个方面进行介绍。

1. 功能的分解与分类

实际的系统往往是多任务与多功能的。系统及其功能是由许多分系统及其功能实现的。通过自上而下的功能分解过程，可以得到系统功能的层次结构，功能的逐层分解可以细分到能够获得明确的技术要求的最低层次（如部件）为止。图 3-4 是某系统的功能分解示意图。进行系统功能分解可以使系统的功能层次更加清晰，同时也产生了许多低层次功能的接口问题。对系统功能的层次性以及功能接口的分析，是建立可靠性模型的重要内容。

第 3 章 系统可靠性分析

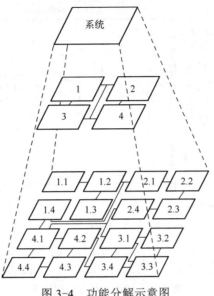

图 3-4 功能分解示意图

比如，分析核动力装置的系统可靠性时，首先要将整个核动力装置分解成一回路系统和二回路系统，进而分别将一回路系统和二回路系统分解为多个子系统，各子系统还可进一步分解为具体的设备或单元，以便研究各设备或单元的参数和工作能力，而后再来估计整个系统的工作能力。典型核动力装置的系统功能分解如图 3-5 所示。

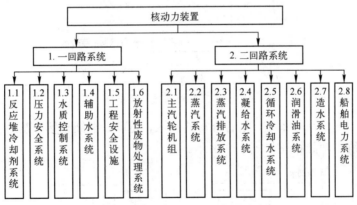

图 3-5 典型核动力装置的系统功能分解

2. 功能框图与功能流程图

在系统功能分解的过程中，对于暴露出来的较低层次功能间的接口与关联关系，可以用功能框图或功能流程图加以描述。

功能框图是在对系统各层次功能进行静态分组的基础上，描述系统的功能与各子功能之间的相互关系，以及系统的数据（信息）流程和系统内部的各接口。图 3-6、图 3-7 是典型船用核动力装置的原理图和功能框图（以一定的逻辑关系，把系统各功能要素相互联系起来）。

图 3-7 中的功能框图可进一步分解，一回路系统可分解为图 3-2、二回路系统可分解为图 3-8：

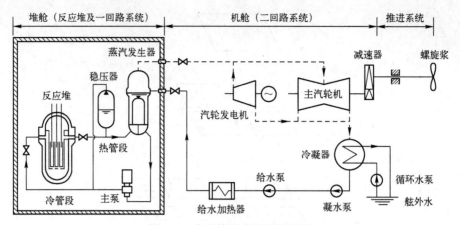

图 3-6 典型核动力装置原理图

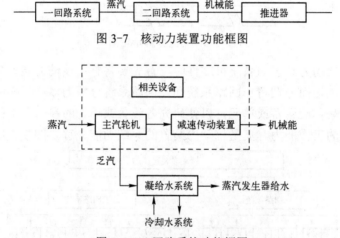

图 3-8 二回路系统功能框图

对图 3-8 中的二回路系统，随着分析的深入，还可以继续分解，直到设备配置层次。例如凝给水系统的功能框图如图 3-9 所示。

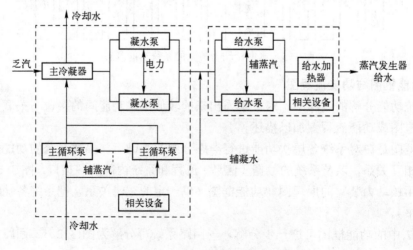

图 3-9 凝给水系统功能框图

功能流程图在于表明系统所有功能间的顺序（时序）关系。功能流程图是动态的，它描述了系统各功能之间的时序相关性，即每一个功能（用一个方框表示）都在前一功能之后发生。当然，某些功能可能是并行或采用交替的方式执行的。图 3-10 为船用核动力装置低压安注系统的功能流程：核动力装置发生中、大破口失水事故时，冷却剂外泄速度较快，稳压器水位和压力迅速降低，此时投入高压安注系统进行注水已经无法补偿冷却剂的泄漏；当稳压器压力低于低压安注压力整定值时，则安注泵启动，将备用水舱的水注入反应堆冷却剂系统，当备用水舱水用完后，转而由屏蔽水箱提供低压安注用水，这个过程称为低压安注阶段；如果一次屏蔽水箱的水都已经用完，但反应堆还需要进行安全注射时，可启动排污泵将堆舱舱底水抽出，经热交换器冷却后注入反应堆冷却剂系统，此时称为再循环阶段，可维持较长时间。从示例中可以看出，功能流程图是可以逐级细化的，直到确认出所有的功能和子功能以及它们之间的相互关系为止。功能框图与功能流程图的逐级细化过程是与系统的功能分解相协调的。

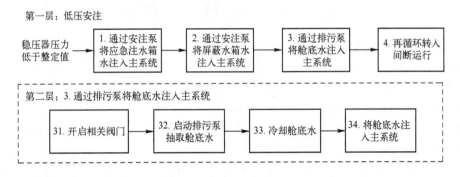

图 3-10　低压安注系统功能流程图

3. 时间分析

功能框图所描述的系统功能是静态的（不随时间而变），故而可以认为系统功能以及它们的子功能具有唯一的时间基准，所有功能的执行时间一样长。因此，对于系统的功能随时间而变的系统来说，采用功能框图的形式进行描述，就显得力不从心，应该采用功能流程图的形式。因为复杂系统一般具有两方面的特点：一是系统具有多功能，各功能的执行时机是有时序的且执行时间长短不一；二是在系统工作过程中，系统的结构是可以随时间而变化的，例如低压安注系统在低压安注阶段和再循环阶段的结构就会发生变化。从前面所述可知，采用功能流程图可以描述这类系统的功能关系，为建立系统可靠性框图模型奠定基础。但是，功能流程图的一个缺点是没有对系统功能的持续时间及功能间的时间进行描述，缺少一个时间坐标作为分析的基础，而时间特性正是可靠性分析中不可缺少的一个要素。图 3-11 为典型船用核动力装置低压安注系统完成其规定任务的时间基准示意图。

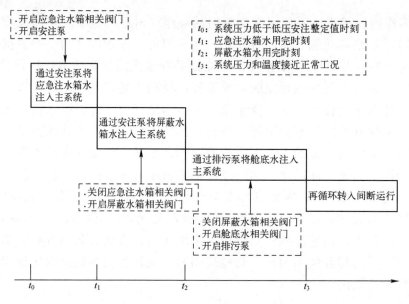

图 3-11 低压安注系统完成其规定任务的时间基准示意图

4. 任务定义及故障判据

在进行系统功能分解，建立功能框图或功能流程图及确立时间基准的基础上，要建立系统的任务及基本可靠性框图，必须明确地给出系统的任务定义及故障判据，把它们作为系统可靠性定量分析计算的依据和判据。

装备或装备的一部分不能或将不能完成预定功能的事件或状态，称为故障。对于具体的装备应结合装备的功能以及装备的性质与使用范畴，给出装备故障的判别标准，即故障判据。故障判据是判断装备是否构成故障的界限值，一般应根据装备规定性能参数和允许极限来确定，并与订购方给定的故障判据相一致。具体装备的故障判据与装备的使用环境、任务要求等密切相关。

一般地，建立系统的基本可靠性模型时，任务的定义为：系统在运行过程中不产生非计划的维修及保障需求。相应地，其故障判据为：任何导致维修及保障需求的非人为事件，都是故障事件。

对于多任务、多功能的系统建立任务可靠性模型时，必须先明确所分析的任务是什么。对于任务的完成来说，涉及系统的哪些功能，其中哪些功能是必要的，哪些功能是不必要的，以此而形成系统的故障判据。影响系统完成全部必要功能的所有软、硬件故障都计为故障事件。

3.2.3 可靠性框图及其数学模型

1. 可靠性框图

为了研究系统内各单元之间在可靠性功能上的联系，以及各单元功能对系统工作的影响，采用可靠性逻辑框图来表示，简称为可靠性框图。它由代表装备或功能的方框、逻辑关系和连线、节点组成。节点分为输入节点、输出节点和中间节点。连线可以是有向的，也可以是无向的，它反映了系统功能流程的方向。

通常编制可靠性框图，是将可靠性信息仿照电流流通来处理。例如，当系统中任一单元故障，系统就不能完成任务，其可靠性框图就如串联电路图，见图3-12（a），并称这种系统为串联系统；而当系统中只要有任一单元完好，系统就能完成任务，其可靠性框图就如并联电路图，见图3-12（b），并称这种系统为并联系统。

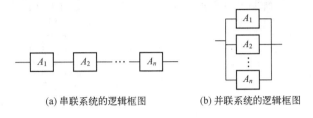

(a) 串联系统的逻辑框图　　(b) 并联系统的逻辑框图

图 3-12　逻辑框图

关于可靠性框图的性质，应注意以下几点：

（1）可靠性框图中的连线或接点，只表示单元之间的关系。注意到系统的相对意义，同一可靠性框图各单元原则上必须保持同等的详细程度。

（2）原理图与可靠性框图既有联系，又有严格的区别。可靠性框图是建立在对系统各部件功能了解的基础上，以物理关系为依据，但关心的是功能关系，部件在结构上连接是串联的，但功能不一定是串联的。如LC振荡器是并联连接，但可靠性框图上L和C的关系则是串联的，因为无论是L或者C故障，振荡器都不能工作，见图3-13。

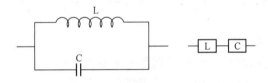

图 3-13　LC振荡器系统图与可靠性框图

对于简单的系统，功能关系比较清楚，可靠性框图也容易画出。但对于复杂的系统，不易构造可靠性框图，甚至画不出逻辑框图，这时要搞清功能关系就需要一定的方法和技巧，例如作一些假设，忽略一些次要因素等。

（3）同一个研究对象，在不同的规定任务下，其可靠性框图不同；规定任务下，故障判据不同，可靠性框图也不相同；考虑不同的故障模式，其可靠性框图也不同。

如舰艇装备中常见的一个简单系统，由管路和两个阀门组成，如图3-14所示。当系统功能是使流体流出时，阀门 A、B 必须同时处于开启状态，可靠性框图是两个阀门的串联；当系统功能是使流体截流，则只需阀门 A 或 B 至少有一个处于关闭状态，可靠性框图是两个阀门的并联。

再如核动力装置，由反应堆、一回路系统和二回路系统组成。针对研究重点：一回路的主冷却剂系统，这里把一回路系统中的所有其他系统和二回路系统与反应堆综合表示为"堆及其他系统"。选定输出功率为系统性能参数；系统的两台蒸汽发生器中，一台工作时最多只输出半功率，两台全部工作时才能输出满功率；4台主泵分两组，每组两台泵是并联冗余结构，即只需一台工作，该环路就能输出全系统的半功率。因此，当系统输出满功率或大于半功率时其可靠性框图如图3-3(a)所示,当系统输出功率不大于半功率时其可靠性框图如图3-3(b)所示。

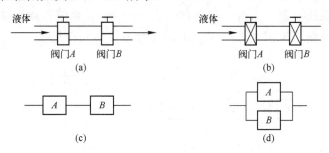

图3-14 流体系统及其可靠性框图

(4)可靠性分析中还常用到功能逻辑框图,即本节前面用到的功能框图。功能框图与可靠性框图既有联系又有区别,其联系是可靠性框图系从功能框图基础上画出的,区别则在于:功能框图表示各单元功能上的联系,而可靠性框图表示各单元可靠性对系统总可靠性的贡献;可靠性框图中的方块可以在一定范围内移动(如串联系统的可靠性框图中各方块位置可任意排列),而功能框图中的各方块位置顺序就不允许任意移动。因此决不能把功能框图简单地移植成可靠性框图。

(5)系统的完整描述应包括用途、性能、使用条件和故障定义等方面内容。作为系统定义不可缺少的环境条件,一般是不直接包括在可靠性框图之内的,应针对不同环境分别进行处理。

2. 可靠性数学模型

可靠性数学模型是系统可靠性与组成部分可靠性之间的数学关系式,是可靠性框图的数学描述,它根据可靠性框图建立。数学模型建立时,通常遵循下述假设:

(1)各单元是双状态的,即只有正常工作状态及故障状态。

(2)各单元在任务中是不可修复的。

(3)各单元的可靠性是相互独立的。

各种系统的可靠性数学模型将在下一节介绍各典型系统可靠性模型时作进一步的阐述。

3.3 典型的系统可靠性模型

典型的系统可靠性模型分为有储备与无储备两种,有储备可靠性模型按储备单元是否与工作单元同时工作而分为工作储备模型与非工作储备模型,有储备系统通常也称为冗余系统、相应地可分为工作冗余系统和备用冗余系统。典型的系统可靠性模型分类如图3-15所示,图中:有储备是指当系统的一部分或若干部分发生故障时,系统依旧可以依靠储备(冗余)部件正常工作;工作储备是指储备部件也处于运行状态,其寿命消耗与独立部件相同;非工作储备是指储备部件对系统的运行没有起作用,仅当工作部件故障时才会启动。

第 3 章 系统可靠性分析

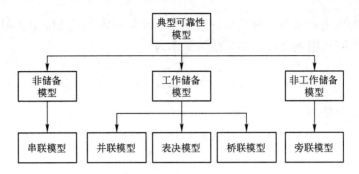

图 3-15 可靠性模型分类

在建立系统可靠性模型时,采用的假设主要如下:
(1) 系统及其组成单元只有故障与正常两种状态,不存在第三种状态。
(2) 框图中一个方框表示的单元或功能所产生的故障就会造成整个系统的故障(有替代工作方式的除外)。
(3) 就故障概率来说,不同方框表示的不同功能或单元的故障概率是相互独立的。
(4) 系统的所有输入在规定极限之内,即不考虑由于输入错误而引起系统故障的情况。
(5) 当软件可靠性没有纳入系统可靠性模型时,应假设整个软件是完全可靠的。
(6) 当人员可靠性没有纳入系统可靠性模型时,应假设人员是完全可靠的,而且人员与系统之间没有相互作用的问题。

3.3.1 串联系统

n 个单元组成的串联系统框图如图 3-12(a)所示。根据定义,事件 A 与 A_i 间有如下关系:

$$A = A_1 A_2 \cdots A_n$$

在假设诸 A_i 相互独立的条件下,有

$$P(A) = P(A_1)P(A_2)\cdots P(A_n)$$

即

$$R_s(t) = R_1(t)R_2(t)\cdots R_n(t)$$

为串联系统可靠性数学模型。可见,系统的可靠度不大于系统中任意一个单元的可靠度,串联系统中单元越多,系统可靠度越低。

因为

$$R_i(t) = e^{-\int_0^t \lambda_i(t)dt}$$

所以

$$\begin{aligned} R_s(t) &= e^{-\int_0^t \lambda_1(t)dt} \cdot e^{-\int_0^t \lambda_2(t)dt} \cdots e^{-\int_0^t \lambda_n(t)dt} \\ &= e^{-\int_0^t [\lambda_1(t)+\lambda_2(t)+\cdots+\lambda_n(t)]dt} \\ &= e^{-\int_0^t \lambda_s(t)dt} \end{aligned}$$

其中 $\lambda_s(t)$ 为系统故障率,可见串联系统的故障率是各单元故障率之和。特别地,当各单元的寿命均服从指数分布,则系统故障率为

$$\lambda_s = \sum_{i=1}^{n} \lambda_i$$

系统的平均寿命为

$$\text{MTTF}_s = \frac{1}{\lambda_s} = \frac{1}{\sum_{i=1}^{n} \lambda_i}$$

式中:λ_i 为单元 i 的故障率。

当 $\lambda_s t < 0.1$ 时,利用近似公式 $e^{-\lambda_s t} = 1 - \lambda_s t$

有

$$F_s(t) = 1 - R_s(t) = 1 - (1 - \lambda_s t) = \sum_{i=1}^{n} \lambda_i t = \sum_{i=1}^{n} F_i(t)$$

即在这种情况下,串联系统不可靠度等于各单元不可靠度之和。

【例 3-1】 某电子装备主要是由下列 5 类元器件组装而成的串联系统,这些元器件的寿命分布皆为指数分布,其故障率及装配在产品上的数量如表 3-2 所列。

表 3-2 元器件的故障率及数量

种类	1	2	3	4	5
故障率 λ(1/h)	10^{-7}	5×10^{-7}	10^{-6}	2×10^{-5}	10^{-4}
个数 n_i	10^4	10^3	10^2	10	2

若不考虑结构、装配及其他因素影响,而只考虑这些元器件故障与否,试计算该装备在 $t=10$h 内的不可靠度、故障率与平均寿命。

解:可靠度函数为

$$R_s(t) = e^{-\int_0^t \sum_{i=1}^{N} n_i \lambda_i \, dt}$$

所以

$$F_s(10) = 1 - R_s(10) = 1 - e^{-0.02 \times 10} = 0.002$$

$$\lambda_s = \sum_{i=1}^{N} n_i \lambda_i = 0.002/\text{h}$$

$$\text{MTTF}_s = \frac{1}{\lambda_s} = \frac{1}{0.002} = 500\text{h}$$

3.3.2 并联系统

n 个单元组成的并联系统如图 3-12(b)所示,并联系统是一种典型的工作储备系统。根据定义,事件 A 的逆事件与 A_i 有如下关系

$$\overline{A} = \overline{A}_1 \overline{A}_2 \cdots \overline{A}_n$$

在假设诸 A_i 相互独立的条件下

$$P(\bar{A}) = P(\bar{A}_1)P(\bar{A}_2)\cdots P(\bar{A}_n)$$

即

$$F_s(t) = F_1(t)F_2(t)\cdots F_n(t) = \prod_{i=1}^{n} F_i(t)$$

$$R_s(t) = 1 - F_s(t) = 1 - \prod_{i=1}^{n} F_i(t) = 1 - \prod_{i=1}^{n}[1 - R_i(t)]$$

为并联系统可靠度数学模型。可见，并联系统的可靠度不小于系统中任意一个单元的可靠度，这就是说采用并联结构可提高系统可靠性。

如各单元的寿命服从指数分布，则

$$R_s(t) = 1 - \prod_{i=1}^{n}(1 - e^{-\lambda_i t})$$

这表明，此时系统寿命分布不再是指数分布了。此时系统的平均寿命为

$$\mathrm{MTTF}_s = \sum_{i=1}^{n}\frac{1}{\lambda_i} - \sum_{1\leqslant i<j\leqslant n}\frac{1}{\lambda_i + \lambda_j} + \cdots + (-1)^{n-1}\frac{1}{\sum_{i=1}^{n}\lambda_i}$$

当 $n=2$ 时，有

$$R_s(t) = e^{-\lambda_1 t} + e^{-\lambda_2 t} - e^{-(\lambda_1+\lambda_2)t}$$

$$\mathrm{MTTF}_s = \frac{1}{\lambda_1} + \frac{1}{\lambda_2} - \frac{1}{\lambda_1 + \lambda_2}$$

当 n 个单元的故障相等，均为 λ 时，可以证明：

$$\mathrm{MTTF}_s = \frac{1}{\lambda} + \frac{1}{2\lambda} + \cdots + \frac{1}{n\lambda}$$

3.3.3 表决系统

n 中取 k 的表决系统由 n 个单元组成，它们都处于工作状态，当 n 个单元中 k 个或 k 个以上单元正常工作，系统才正常工作；反之，正常工作单元数比 k 小，则系统故障。简记为 $k/n[G]$。其可靠性框图如图 3-16 所示。

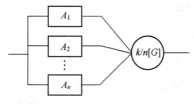

图 3-16 表决系统可靠性框图

1. 2/3[G]系统

显然 A 与 A_i 有如下关系

$$A = A_1 A_2 A_3 \cup A_1 A_2 \bar{A}_3 \cup A_1 \bar{A}_2 A_3 \cup \bar{A}_1 A_2 A_3$$

所以
$$R_s(t) = R_1(t)R_2(t)R_3(t) + R_1(t)R_2(t)F_3(t) + R_1(t)F_2(t)R_3(t) + F_1(t)R_2(t)R_3(t)$$

一般情况下，表决系统的部件都是相同的。当单元都是故障率为 λ 的指数分布时，有
$$R_s(t) = 3\mathrm{e}^{-2\lambda t} - 2\mathrm{e}^{-3\lambda t}$$
$$\mathrm{MTTF}_s = \int_0^\infty R_s(t)\mathrm{d}t = \frac{3}{2\lambda} - \frac{2}{3\lambda}$$

这种系统在反应堆控制中被广泛应用。

2. $(n-1)/n[G]$系统

当 n 个单元可靠度均为 $R(t)$ 时，系统可靠度为
$$R_s(t) = R^n(t) + nR^{n-1}(t)F(t) = nR^{n-1}(t) - (n-1)R^n(t)$$

进一步，n 个单元均服从故障率为 λ 的指数分布，则有
$$R_s(t) = n\mathrm{e}^{-(n-1)\lambda t} - (n-1)\mathrm{e}^{-n\lambda t}$$
$$\mathrm{MTTF}_s = \int_0^t R_s(t)\mathrm{d}t = \frac{n}{(n-1)\lambda} - \frac{n-1}{n\lambda} = \frac{1}{n\lambda} + \frac{1}{(n-1)\lambda}$$

3. $k/n[G]$系统

当 n 个单元可靠度均为 $R(t)$ 时，系统可靠度为
$$R_s(t) = R^n(t) + nR^{n-1}(t)F(t) + C_n^2 R^{n-2}(t)F^2(t) + \cdots + C_n^{n-k}R^k(t)F^{n-k}(t) = \sum_{i=0}^{n-k} C_n^i R^{n-i}(t)F^i(t)$$

进一步，n 个单元均服从故障率为 λ 的指数分布，则有
$$R_s(t) = \sum_{i=0}^{n-k} C_n^i \mathrm{e}^{-(n-1)\lambda t}(1-\mathrm{e}^{-\lambda t})^i$$
$$\mathrm{MTTF}_s = \int_0^t R_s(t)\mathrm{d}t = \frac{1}{n\lambda} + \frac{1}{(n-1)\lambda} + \cdots + \frac{1}{k\lambda}$$

在 $k/n[G]$ 系统中，若 $k=n$，即为串联系统；若 $k=1$，即为并联系统。

有这样一个结论,对于相同单元组成的 $2/3[G]$ 系统,当单元可靠度大于 0.5 时, $2/3[G]$ 系统可靠度大于单元可靠度；当单元可靠度小于 0.5 时, $2/3[G]$ 系统可靠度小于单元可靠度。

3.3.4 非工作储备系统

组成系统的 n 个单元只有一个单元工作，当工作单元故障时，通过监测与转换装置转接到另一个单元继续工作，直到所有单元都发生故障时系统才发生故障，称为非工作储备系统，又称旁联系统、备用冗余系统，它用于任务可靠性建模，其可靠性框图如图 3-17 所示。非工作储备系统根据储备单元在储备期内是否发生故障可分为两大类：如储备期内的故障率为零，称为冷储备系统，如储备单元期内也能发生故障，则称为热储备系统。根据转换开关是否完全可靠，可分为转换开关完全可靠和转换开关不完全可

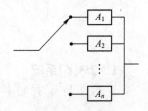

图 3-17 储备系统

靠两类。

当转换开关完全可靠时，储备系统的可靠性可按以下方法进行分析。

1. 冷储备系统

当两个单元寿命分布均为指数分布，且故障率分别为 λ_1 和 $\lambda_2(\lambda_1 \neq \lambda_2)$ 时，可以求得系统可靠度和平均寿命分别为

$$R_s(t) = \frac{\lambda_2}{\lambda_2 - \lambda_1} e^{-\lambda_1 t} + \frac{\lambda_1}{\lambda_1 - \lambda_2} e^{-\lambda_2 t}$$

$$\mathrm{MTTF}_s = \frac{1}{\lambda_1} + \frac{1}{\lambda_2}$$

当 n 个单元服从故障率为 λ 的指数分布时，可求得系统可靠度和平均寿命分别为

$$R_s(t) = \left[1 + \lambda t + \frac{(\lambda t)^2}{2!} + \cdots + \frac{(\lambda t)^{n-1}}{(n-1)!}\right] e^{-\lambda t} = \sum_{k=0}^{n-1} \frac{(\lambda t)^k}{k!} e^{-\lambda t}$$

$$\mathrm{MTTF}_s = \frac{n}{\lambda}$$

假设一个系统，需要 L 个单元同时工作，系统才正常工作，另外有 m 个单元作备用，每个单元的可靠度都是 $e^{-\lambda t}$，它们是否正常工作是相互独立的。此时，可以求得系统可靠度和平均寿命分别为

$$R_s(t) = \sum_{k=0}^{m} \frac{(L\lambda t)^k}{k!} e^{L\lambda t}$$

$$\mathrm{MTTF}_s = \frac{m+1}{L\lambda}$$

2. 热储备系统

实际上，储备单元在储备期内受到外界环境，如温度、湿度、冲击、机械振动、腐蚀等的影响，也有可能发生故障。

这里，仅讨论由两个单元组成的热储备系统。设工作单元的可靠度为 $e^{-\lambda_1 t}$；储备单元在储备期内可靠度为 $e^{-\mu t}$，而在工作期内可靠度为 $e^{-\lambda_2 t}$，一般 $\lambda_2 > \mu$（但实际中也不能排除有 $\mu > \lambda_2$ 的场合）。可以证明系统可靠度和平均寿命分别为

$$R_s(t) = e^{-\lambda_1 t} + \frac{\lambda_1}{\lambda_1 + \mu - \lambda_2}[e^{-\lambda_2 t} - e^{-(\lambda_1 + \mu)t}]$$

$$\mathrm{MTTF}_s = \frac{1}{\lambda_1} + \frac{1}{\lambda_2}\left(\frac{\lambda_1}{\lambda_2 + \mu}\right)$$

当转换开关不完全可靠时，非工作储备系统的可靠性不仅要考虑储备单元失效，还必须考虑监测转换单元的失效，对由两个均满足指数分布单元构成的储备系统，可按以下方法进行分析。

3. 转换开关不完全可靠的储备系统

在上述系统中，均隐含了转换开关完全可靠的假设。如果转换开关不完全可靠，其可靠度为常数 R_d 时，可得以下模型。

对两个可靠度均为 $e^{-\lambda t}$ 的单元组成的冷储备系统，有

$$R_s(t) = (1 - R_d \lambda t) e^{-\lambda t}$$

对两个可靠度分别为 $e^{-\lambda_1 t}$ 和 $e^{-\lambda_2 t}$ 的单元组成的冷储备系统（$\lambda_1 \neq \lambda_2$），有

$$R_s(t) = e^{-\lambda_1 t} + R_d \frac{\lambda_1}{\lambda_2 - \lambda_1} (e^{-\lambda_1 t} - e^{-\lambda_2 t})$$

对两个可靠度分别为 $e^{-\lambda_1 t}$ 和 $e^{-\lambda_2 t}$ 的单元组成的热储备系统，有

$$R_s(t) = e^{-\lambda_1 t} + R_d \frac{\lambda_1}{\lambda_1 + \mu - \lambda_2} [e^{-\lambda_2 t} - e^{-(\lambda_1 + \mu) t}]$$

3.3.5 复杂系统

由以上各种基本系统可以组成各种各样的复杂系统。应针对每一系统的结构特点，逐步简化以计算系统的可靠特征量。

【**例 3-2**】 某系统的可靠性框图如图 3-18 所示，求系统可靠度。

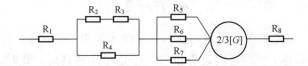

图 3-18 例 3-2 的可靠性框图

解：首先对框图进行分析。其中，单元 2 与单元 3 串联，可以看成等效可靠度为 $R_2 R_3$ 的一个单元，此单元又与单元 4 并联，用并联系统计算公式计算，则单元 2、单元 3 和单元 4 可以看成等效可靠度为 $1 - (1 - R_2 R_3)(1 - R_4)$ 的一个单元。另外，单元 5、单元 6 和单元 7 构成 2/3[G] 系统，用相应公式计算，这 3 个单元等效于可靠度为 $R_5 R_6 R_7 + R_5 R_6 (1 - R_7) + R_5 (1 - R_6) R_7 + (1 - R_5) R_6 R_7$ 的一个单元。最后，可以把整个系统看成由以上两个等效单元与单元 1 和单元 8 串联而成，故所求系统可靠度为

$$R_s = R_1 R_8 [1 - (1 - R_2 R_3)(1 - R_4)] \times [R_5 R_6 R_7 + R_5 R_6 (1 - R_7) + R_5 (1 - R_6) R_7 + (1 - R_5) R_6 R_7]$$

仅由串联系统和并联系统混合而成的系统称为混联系统。图 3-19 所示的系统称为并串联系统，又称为附加单元系统；而图 3-20 所示的系统称为串并联系统，又称为附加通路系统。

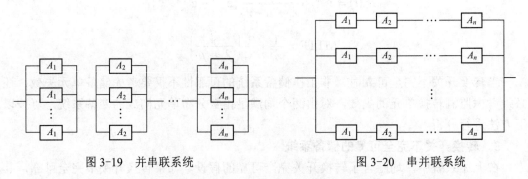

图 3-19 并串联系统　　　　图 3-20 串并联系统

设每个单元 A_i 的可靠度为 $R_i(t)$，对于并串联系统，可得

$$R_s(t) = \prod_{i=1}^{n}[1-(1-R_i(t))^m]$$

而对于串并联系统，可得

$$R_s(t) = 1 - \left[1 - \prod_{i=1}^{n} R_i(t)^m\right]$$

可以证明一个重要的结论，对于相同的 n 与 m，并串联系统可靠度大于串并联系统可靠度，即附加单元比附加通路系统更有利于提高系统可靠性，也就是说并联措施应当在尽可能低的系统级别上采用。

实际上，并不是所有的复杂系统都可以分解成上述的基本系统再进行计算，桥式系统就是一个典型的例子。它不可能再分解为简单的串联、并联系统，或者已经可以进行计算的表决、储备系统。其数学模型的建立较为复杂，不能建立通用的表达式。这里以桥式系统为例（图3-21），介绍复杂系统的两种可靠度计算方法。在理论上，这些方法的适应面很广。

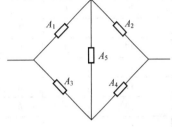

图 3-21 桥式系统

（1）状态穷举法。状态穷举法又称布尔真值表法，这是一种最为直观的计算方法。假设系统由 n 个单元组成，每一单元只有正常和故障两种状态，以"1"表示正常状态，以"0"表示故障状态。系统的状态由这 n 个单元的状态确定，故一共有 2^n 个互不相同的状态，其中在一些状态下系统正常，而在另一些状态下系统故障。状态穷举法的做法就是将系统所有状态全部列出，考虑到各单元间的相互独立性，分别用乘法法则计算系统正常的每一状态的发生概率，再考虑系统状态间互相不相容性，将这些概率相加就是系统可靠度。

在上述桥式系统中，共有 5 个单元，则系统有 $2^5=32$ 个状态，以 $S(i)$ 表示系统正常，其中 i 表示在这个状态下，为保证系统正常所需的正常工作单元个数；以 $F(i)$ 表示系统故障，其中 i 表示在这个状态下，引起系统故障的故障单元个数。如果 $R_1=0.8$，$R_2=0.7$，$R_3=0.8$，$R_4=0.7$，$R_5=0.9$，用这些数据列表进行计算，结果如表3-3所列。

表 3-3 桥式系统可靠度计算

系统状态编号	单元工作状态					系统状态	概　率
	A_1	A_2	A_3	A_4	A_5		
1	0	0	0	0	0	$F(5)$	
2	0	0	0	0	1	$F(4)$	
3	0	0	0	1	0	$F(4)$	
4	0	0	0	1	1	$F(3)$	
5	0	0	1	0	0	$F(4)$	
6	0	0	1	0	1	$F(3)$	
7	0	0	1	1	0	$S(2)$	0.00336
8	0	0	1	1	1	$S(3)$	0.03024

续表

系统状态编号	单元工作状态					系统状态	概　率
	A_1	A_2	A_3	A_4	A_5		
9	0	1	0	0	0	$F(4)$	—
10	0	1	0	0	1	$F(3)$	—
11	0	1	0	1	0	$F(3)$	—
12	0	1	0	1	1	$F(2)$	—
13	0	1	1	0	0	$F(3)$	—
14	0	1	1	0	1	$S(3)$	0.03024
15	0	1	1	1	0	$S(3)$	0.00784
16	0	1	1	1	1	$S(4)$	0.07056
17	1	0	0	0	0	$F(4)$	—
18	1	0	0	0	1	$F(3)$	—
19	1	0	0	1	0	$F(3)$	—
20	1	0	0	1	1	$S(3)$	0.03024
21	1	0	1	0	0	$F(3)$	—
22	1	0	1	0	1	$F(2)$	—
23	1	0	1	1	0	$S(3)$	0.01344
24	1	0	1	1	1	$S(4)$	0.12096
25	1	1	0	0	0	$S(2)$	0.00336
26	1	1	0	0	1	$S(3)$	0.03024
27	1	1	0	1	0	$S(3)$	0.00784
28	1	1	0	1	1	$S(4)$	0.07056
29	1	1	1	0	0	$S(3)$	0.01344
30	1	1	1	0	1	$S(4)$	0.12096
31	1	1	1	1	0	$S(4)$	0.03136
32	1	1	1	1	1	$S(5)$	0.28224

将所有系统正常的状态发生概率相加，即为系统可靠度

$$R_s = 0.0036 + 0.03024 + 0.03024 + \cdots + 0.03136 + 0.28224 = 0.86688$$

状态穷举法原理简单，但当单元数时 n 较大时，计算量"组合爆炸"。即使借助于电子计算机也有困难，有时甚至是不现实的。

（2）分解法。这一方法是选出系统中造成计算困难的关键单元，将其分解成正常和故障两种状态，再用全概率公式进行计算。记被选出的单元正常工作的事件为 A_i，而故障的事件为 $\overline{A}_i$；系统正常工作的事件为 A，则由全概率公式

$$P(A) = P(A_i)P(A|A_i) + P(\overline{A}_i)P(A|\overline{A}_i)$$

即系统的可靠度为

$$R_s(A) = R_i(t)P(A|A_i) + F_i(t)P(A|\overline{A}_i)$$

式中 $P(A|A_i)$ 和 $P(A|\overline{A}_i)$ 分别表示 i 个单元正常的条件下的系统可靠概率和在第 i

个单元故障的条件下的系统可靠概率。如果能巧妙地选择 A_i，使以上两个条件概率容易求得，则利用以上全概率公式，就可以方便地求出 $R_s(t)$。

以桥式系统为例，选图中第 5 个单元进行分解，则当此单元正常时，系统简化图 3-22（a）所示的系统，而此单元故障时，系统简化为图 3-22（b）所示的系统。经这样的分解后可方便地求出

$$P(A|A_5) = [1 - F_1(t)F_3(t)][1 - F_2(t)F_4(t)]$$

$$P(A|\overline{A}_5) = 1 - [1 - R_1(t)R_2(t)][1 - R_3(t)R_4(t)]$$

所以有

$$R_s(t) = R_5(t)[1 - F_1(t)F_3(t)][1 - F_2(t)F_4(t)] + \\ F_5(t)[R_1(t)R_2(t) + R_3(t)R_4(t) - R_1(t)R_2(t)R_3(t)R_4(t)]$$

设在某时刻 $R_1 = 0.8$，$R_2 = 0.7$，$R_3 = 0.8$，$R_4 = 0.7$，$R_5 = 0.9$，则 $F_1 = 0.2$，$F_2 = 0.3$，$F_3 = 0.2$，$F_4 = 0.3$，$F_5 = 0.1$，将这些数据代入以上公式计算可得 $R_s = 0.8669$。

这个方法关键在于巧妙选择 A_i，甚至有时在第一次分解后，还需要第二次或更多次选择关键单元，进行进一步的分解。

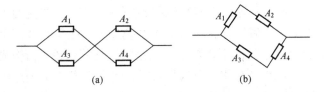

图 3-22 桥式系统的简化图

前面介绍了系统可靠性建模过程中经常使用的典型可靠性模型，在实际建立系统可靠性模型时，还应该根据建模目的不同，正确区分基本可靠性模型与任务可靠性模型，防止混为一谈。

（1）基本可靠性模型。基本可靠性模型是用以估计产品及其组成单元故障引起的维修及保障要求的可靠性模型。系统中任一单元（包括储备单元）发生故障后，都需要维修或更换，都会产生维修及保障要求，故而也可把它看作度量使用费用的一种模型。基本可靠性模型主要用于计算故障率或平均故障间隔时间。基本可靠性模型是产品的所有组成单元串联而成的产品的串联模型，即使存在冗余单元，也都按串联处理。所以，储备单元越多，系统的基本可靠性越低。

在利用基本可靠性模型计算故障率或平均故障间隔时间时，需要考虑产品的不同环境条件。当一个单元由于在多个任务阶段下工作而具有不同的环境条件时，对该单元应采用可靠性水平最差的数据进行分析。

（2）任务可靠性模型。任务可靠性模型是用以估计产品在执行任务过程中完成规定功能的程度，描述完成任务过程中产生各单元的预定作用，用以度量工作有效性的一种可靠性模型。一般地，系统中储备单元越多，其任务可靠性越高。产品的任务可靠性模型可能是串联模型，也可能是各种可靠性常用模型的组合。在任务可靠性模型的基础上，可以进行任务可靠度和平均致命性故障间隔时间的计算。

在建立任务可靠性模型时，对不同任务剖面应该分别建立任务可靠性模型。

当产品中采用冗余设计时，其任务可靠性建模过程较为复杂。首先需要将产品划分为不同的层次，如组件、部件、分系统等，然后建立产品的初始可靠性框图。对于初始可靠性框图中的每个单元，再利用组件作为子单元建立其细化的可靠性框图。以此类推，就可以得到最终的可靠性框图。

利用任务可靠性框图，可以建立相应的数学模型，并进行任务可靠度和平均致命性故障间隔时间的计算。

实际系统可靠性建模过程中，有时还需要考虑共因故障、多状态设备，以及系统动态影响，如载荷共享、非工作储备系统中单元的切换过程等问题对系统可靠性的影响。这些因素的建模分析相对复杂，相关方法可参考有关文献资料。

3.4 可修系统的可靠性模型

3.4.1 概述

在实际工作中，一般需要通过维修来维持和恢复系统的工作能力。最简单的方法是进行事后修复，即故障发生后进行修理。可修系统是由一些单元及一个或多个修理设备（修理工）组成。研究可修系统的主要数学工具是随机过程理论。当构成系统各单元的寿命分布、修复时间分布及其他有关分布为指数时，可以用马尔可夫过程对系统加以描述和进行分析。下面简要地讨论这样的系统。

这里，所关心的系统可靠性指标主要有瞬时可用度 $A(t)$、稳态可用度 A、系统平均故障间隔 $MTBF_s$ 和系统平均修复时间 $MTTR_s$。

系统的工作过程如下：开始工作，时间 T_1 后故障，修理，花时间 τ_1 再投入工作…，如图 3-23 所示。显然，故障时间 T 和修复时间 τ 都是随机变量，假定 $T_1, T_2, \cdots$ 独立同分布，$\tau_1, \tau_2, \cdots$ 独立同分布，T 与 τ 相互独立，故障单元经修复，可靠性水平与开始工作时一样，即修复如新。假设系统有 $N+1$ 个状态，其中状态 $0,1,\cdots,K$ 为系统正常状态，$K+1, K+2, \cdots, N$ 为系统故障状态。令 $X(t)=j$ 表示 t 时刻系统处于状态 j，$j=0,1,\cdots,N$，则由指数分布的无记忆性可知，$\{X(t), t>0\}$ 是一时间连续、状态离散的齐次马尔可夫过程。记系统在 t 时处于状态 j 的概率为

$$P_j(t) = P[X(t) = j], j = 0, 1, \cdots, N$$

则瞬时可用度为

$$A(t) = \sum_{j=0}^{K} P_j(t) = \sum_{j=0}^{K} P[X(t) = j]$$

而稳态可用度

$$A = \lim_{t \to \infty} A(t) = \lim_{t \to \infty} \sum_{j=0}^{K} P_j(t)$$

令稳态条件下系统处于状态 j 的概率 $P_j = \lim_{t \to \infty} P_j(t), j = 0, 1, \cdots, N$，则

$$A = \sum_{j=0}^{K} P_j$$

而不可用度

$$\overline{A} = 1 - A = \sum_{j=K+1}^{N} P_j$$

要求出 $P_j(t)$ 及 P_j 关键是求得转移率矩阵

$$A = (a_{ij}) = \begin{bmatrix} a_{00} & a_{01} & \cdots & a_{0N} \\ a_{10} & a_{11} & \cdots & a_{1N} \\ \vdots & \vdots & & \vdots \\ a_{N0} & a_{N1} & \cdots & a_{NN} \end{bmatrix}$$

其中 $a_{ii} = -\sum_{j=0, j \neq i}^{N} a_{ij}$。系统的稳态概率为

$$\begin{cases} (P_0, P_1, \cdots, P_N) A = (0, 0, \cdots, 0) \\ P_0 + P_1 + \cdots + P_N = 1 \end{cases}$$

系统平均故障间隔和平均修复时间分别为

$$\mathrm{MTBF}_s = \frac{\sum_{i=0}^{K} P_i}{\sum_{i=0}^{K} \left(P_i \sum_{j=K+1}^{N} a_{ij} \right)}$$

$$\mathrm{MTTR}_s = \frac{\sum_{i=K+1}^{N} P_i}{\sum_{i=K+1}^{N} \left(P_i \sum_{j=0}^{N} a_{ij} \right)}$$

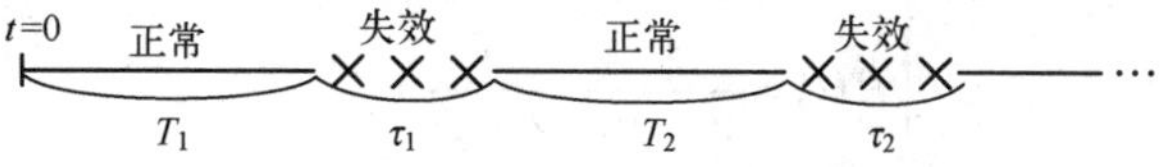

图 3-23 可修系统的工作过程

如何求转移率矩阵 A，进而求出所关心的详细可靠性指标，将结合下面几个具体系统作简要介绍。

3.4.2 一个单元的可修系统

这是最简单的系统，由一个单元和一个修理设备组成。当单元工作时系统工作，单元故障时系统故障。故障单元修复后，其寿命分布同新单元刚投入工作一样（修复如新）。单元的寿命分布为

$$F(t) = P(T \leqslant t) = 1 - \mathrm{e}^{-\lambda t} \quad \lambda > 0, t \geqslant 0$$

单元的修复时间分布为

$$G(t) = P(\tau \leqslant t) = 1 - e^{-\mu t} \qquad \mu > 0, t \geqslant 0$$

令

$$X(t) = \begin{cases} 0, & \text{时刻}t\text{系统正常} \\ 1, & \text{时刻}t\text{系统故障} \end{cases}$$

则$\{X(t), t>0\}$是一齐次马尔可夫过程。其转移概率为

$$P_{00}(\Delta t) = P\{X(t+\Delta t) = 0 \mid X(t) = 0\} = 1 - \lambda \Delta t + o(\Delta t)$$
$$P_{01}(\Delta t) = P\{X(t+\Delta t) = 1 \mid X(t) = 0\} = \lambda \Delta t + o(\Delta t)$$
$$P_{10}(\Delta t) = P\{X(t+\Delta t) = 0 \mid X(t) = 1\} = \mu \Delta t + o(\Delta t)$$
$$P_{11}(\Delta t) = P\{X(t+\Delta t) = 1 \mid X(t) = 1\} = 1 - \mu \Delta t + o(\Delta t)$$

式中：$o(\Delta t)$是比Δt高阶的无穷小量。

因此，转移率矩阵为

$$A = \begin{bmatrix} -\lambda & \lambda \\ \mu & -\mu \end{bmatrix}$$

图 3-24 所示为 Δt 时间内系统状态转移图。利用该图，便可列出微分方程组，由全概率公式得

$$\begin{cases} P_0(t+\Delta t) = (1 - \lambda \Delta t) P_0(t) + \mu \Delta t P_1(t) \\ P_1(t+\Delta t) = (1 - \mu \Delta t) P_1(t) + \lambda \Delta t P_0(t) \end{cases}$$

得

$$\begin{cases} P_0'(t) = -\lambda P_0(t) + \mu P_1(t) \\ P_1'(t) = -\mu P_1(t) + \lambda P_0(t) \end{cases}$$

若 $t=0$ 时系统正常，即有初始条件 $P_0(0)=1, P_1(0)=0$，则可解以上微分方程，得

$$\begin{cases} P_0(t) = \dfrac{\mu}{\lambda + \mu} + \dfrac{\lambda}{\lambda + \mu} e^{-(\lambda + \mu)t} \\ P_1(t) = \dfrac{\lambda}{\lambda + \mu} - \dfrac{\lambda}{\lambda + \mu} e^{-(\lambda + \mu)t} \end{cases}$$

若 $t=0$ 时系统故障，即有初始条件 $P_0(0)=0, P_1(0)=1$，则可解以上微分方程，得

$$\begin{cases} P_0(t) = \dfrac{\mu}{\lambda + \mu} - \dfrac{\mu}{\lambda + \mu} e^{-(\lambda + \mu)t} \\ P_1(t) = \dfrac{\lambda}{\lambda + \mu} + \dfrac{\mu}{\lambda + \mu} e^{-(\lambda + \mu)t} \end{cases}$$

无论初始状态如何，均有稳态可用度

$$A = \lim_{t \to \infty} A(t) = \lim_{t \to \infty} P_0(t) = \dfrac{\mu}{\lambda + \mu}$$

$$\text{MTBF}_s = \dfrac{1}{\lambda}, \text{MTTR}_s = \dfrac{1}{\mu}$$

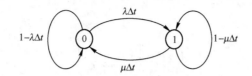

图 3-24　一个单元的可修系统的状态转移图

3.4.3　串联系统

系统由 n 个单元和一个修理设备组成，单元寿命分布、修复时间分布服从指数分布。当 n 个单元都正常系统正常，当某个单元故障，立即进行修理，其余停止工作，当故障单元修复，系统立即投入工作。各单元处于什么状态是相互独立的。故障单元修复如新。令

$$X(t) = \begin{cases} 0 & \text{时刻}t, n\text{个单元都正常} \\ i & \text{时刻}t,\text{第}i\text{个单元故障}, i=1,\cdots,n \end{cases}$$

则 $\{X(t), t \geq 0\}$ 是一齐次马尔可夫过程，其状态转移图如图 3-25 所示。

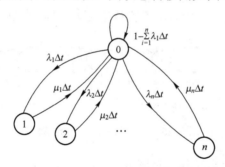

图 3-25　串联系统的状态转移

可以由图 3-25 直接写出转移率矩阵为

$$A = \begin{bmatrix} -\sum_{i=1}^{n}\lambda_i & \lambda_1 & \lambda_2 & \cdots & \lambda_n \\ \mu_1 & -\mu_1 & 0 & \cdots & 0 \\ \mu_2 & 0 & -\mu_2 & \cdots & 0 \\ \vdots & \vdots & \vdots & & \vdots \\ \mu_n & 0 & 0 & \cdots & -\mu_n \end{bmatrix}$$

可解得

$$\begin{cases} P_0 = \left(1 + \sum_{i=1}^{n} \dfrac{\lambda_i}{\mu_i}\right)^{-1} \\ P_i = \dfrac{\lambda_i}{\mu_i} P_0 \quad i = 1, 2, \cdots, n \end{cases}$$

因此

$$A = P_0 = \left(1 + \sum_{i=1}^{n} \frac{\lambda_i}{\mu_i}\right)^{-1}$$

$$\text{MTBF}_s = \frac{1}{\sum_{i=1}^{n} \lambda_i}, \text{MTTR}_s = \frac{\sum_{i=1}^{n} \frac{\lambda_i}{\mu_i}}{\sum_{i=1}^{n} \lambda_i}$$

3.4.4 并联系统

系统由 n 个同型单元和一个修理设备组成。单元寿命分布、修复时间分布服从指数分布。由于只有一个修理设备，每次只能修理一个故障单元，而其余故障单元等待修理。当正在修的单元修复后，修理设备立即转去修其他故障单元，各单元处于什么状态是相互独立的，故障单元修复如新。令

$X(t)=j$，若时刻 t 时，系统有 j 个故障单元（包括正在修理的单元），则系统共有 $n+1$ 个不同状态，可以证明 $\{X(t), t \geqslant 0\}$，是齐次马尔可夫过程。其状态转移图如图 3-26 所示。

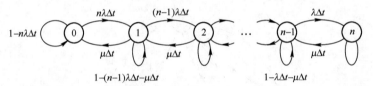

图 3-26 并联系统的状态转移图

可以由图 3-26 直接写出转移率矩阵为

$$A = \begin{bmatrix} -n\lambda & n\lambda & 0 & \cdots & 0 & 0 & 0 \\ \mu & -(n-1)\lambda-\mu & (n-1)\lambda & \cdots & 0 & 0 & 0 \\ 0 & \mu & -(n-2)\lambda-\mu & \cdots & 0 & 0 & 0 \\ \vdots & \vdots & \vdots & & \vdots & \vdots & \vdots \\ 0 & 0 & 0 & \cdots & \mu & -\lambda-\mu & \lambda \\ 0 & 0 & 0 & \cdots & 0 & \mu & -\mu \end{bmatrix}$$

解方程组可得

$$P_j = \left[\sum_{i=0}^{n} \frac{(n-j)!}{(n-i)!}\left(\frac{\lambda}{\mu}\right)^{i-j}\right]^{-1} \quad j=0,1,\cdots,n$$

而系统稳态可用度为

$$A = \sum_{j=0}^{n-1} P_j = \frac{\sum_{i=0}^{n-1} \frac{1}{(n-i)!}\left(\frac{\lambda}{\mu}\right)^i}{\sum_{i=0}^{n} \frac{1}{(n-i)!}\left(\frac{\lambda}{\mu}\right)^i}$$

$$\mathrm{MTBF}_S = \frac{1}{\mu}\sum_{i=1}^{n}\frac{1}{i!}\left(\frac{\mu}{\lambda}\right)^i, \mathrm{MTTR}_s = \frac{1}{\mu}$$

3.4.5 一般可修单调关联系统

一个系统中，如果：（a）系统和每个单元只有正常和故障两种状态；（b）改善任何一个单元的可靠性不会使系统可靠性变坏；（c）不存在对系统可靠性无影响的单元，则称此系统为两状态单调关联系统，简称为单调关联系统。

一般可修系统的可用度常常不容易求得，特别是当存在非指数分布更是如此，但对单调关联系统有如下重要结论。

如果单调关联系统满足条件：（a）修理设备足够多，可以保证每个故障单元都能得到及时修理；（b）每个单元都是修复如新；（c）每个单元的平均修复时间都远小于其平均故障间隔，则系统可用度与可靠性的计算公式形式相同。即若有

$$R = h(R_1, R_2, \cdots, R_n)$$

则有

$$A = h(A_1, A_2, \cdots, A_n)$$

$$A_i = \frac{\mathrm{MTBF}_i}{\mathrm{MTBF}_i + \mathrm{MTTR}_i}$$

式中：R_i，A_i 和 R，A 分别为第 i 个单元和系统的可靠度、可用度。注意，这里没有要求各单元的寿命和修复时间分布为指数分布。若仍记

$$\mathrm{MTBF}_i = \int_0^\infty t f_i(t) \mathrm{d}t = \frac{1}{\lambda_i}$$

$$\mathrm{MTTR}_i = \int_0^\infty t g_i(t) \mathrm{d}t = \frac{1}{\mu_i}$$

则

$$A_i = \frac{\mu_i}{\mu_i + \lambda_i}$$

实际上，λ_i 和 μ_i 分别为第 i 个单元的平均故障率和平均修复率。

有了以上结论，就可以用可靠度的计算公式来计算可用度。如 n 个相互独立的单元组成的串联和关联系统可用度分别为

$$A = \prod_{i=1}^{n} A_i$$

$$A = 1 - \prod_{i=1}^{n}(1 - A_i)$$

当然，只有系统满足前面的条件（a）、（b）和（c），才能得到这两个系统可用度公式。

本 章 小 结

本章首先介绍了系统及系统可靠性的基本定义,重点阐述了系统与单元的相对关系,以及进行系统可靠性分析的必要性。介绍了系统可靠性模型的基本概念,并以可靠性框图为主介绍了系统可靠性模型的建立过程,重点是系统功能分析、绘制可靠性框图、建立可靠性数学模型。在此基础上,介绍了系统可靠性分析中常用的典型可靠性模型,如串联系统、并联系统、表决系统、储备系统以及复杂系统等,并简单介绍了可修系统的可靠性建模方法。

习 题

1．请简述单元可靠性与系统可靠性分析的区别。
2．什么是系统可靠性模型？为什么要建立系统可靠性模型？
3．请分析基本可靠性模型与任务可靠性模型的区别,并举例说明。
4．典型的系统可靠性模型主要有哪些？其基本特点是什么？
5．试比较由 $2 \times n$ 个相同部件组成的串并联系统（图（a））和并串联系统（图（b））的可靠度水平。

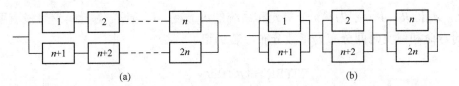

题 5 图

6．由 n 个相同单元组成的并联系统,单元的累积故障分布函数为 $F(t)=1-\mathrm{e}^{-\lambda t}$,试求该系统的故障率函数。

7．针对你所熟悉的产品（如自行车、小家电等）建立其基本可靠性模型和任务可靠性模型。

8．以典型舰船核动力装置一回路系统为对象,分别建立其要求输出 50%、100%功率时的任务可靠性模型。

第4章 故障分析

舰船核动力装置结构复杂，使用环境严酷，且具有潜在核风险，因而对装置的可靠性要求极高。在实际使用中，由于设计、工艺、使用维护等因素所引起的装置故障时有发生，造成人员、时间和经济上的严重损失，影响舰船使命任务的完成。为此，运行人员必须掌握一定的故障分析技术，以帮助认识故障机理，查找故障原因，提高装置的使用可靠性。

4.1 故障分析的相关概念

4.1.1 故障概述

1. 故障及其判据

2.2 节给出了故障的定义及其分类。可以看出，故障与人们预先规定的要求、任务密切相关，因而判断装备或零部件是否故障就必须预先确定故障的判别依据，即故障判据，也称故障判断准则。故障判据不明确，就会造成可靠性指标、数据处理及其评估结果的不一致，也会造成用户与承制方的某些不必要纠纷。因此，应合理确定故障判据，使之成为故障分析或可靠性分析的依据之一。

装备在交付和例行试验中，通常以技术参数中的任一项不符合规定的允许限值作为故障判据。而可靠性分析中确定故障判据要考虑的问题较为广泛，例如：

（1）不能在使用条件下丧失其功能。

（2）不同装备可按其主要性能参数进行衡量。

（3）根据产品每一规定的允许极限来确定故障判据。

2. 故障发生原因

装置发生故障的原因是多方面的，是由各种因素引起的，有直接的，有间接的。

1）装置发生故障的根本原因

（1）由于人们认识的局限。在装置使用过程中总会出现一些人们在设计研制中未预料到的新情况、新问题，这是因为未实践以前有些不可靠因素还没暴露出来，有些事物尚未被人们所认识，尽管事先对各种可能性都进行了研究，但不能做得很完全或很正确。再者有些问题虽然知道了，但当时还没有研究出解决办法，或缺乏成熟理论的指导，或受工艺能力等限制。也许若干年后这些问题不再成为问题，但在现役装置中它们已存在。

（2）装置的复杂性。一般来说装备越复杂，可靠性越低，舰艇上空间要求又限制了冗余的设置。

（3）组织的复杂化。现代社会生产专业化程度高，组织机构复杂。一个产品的质量涉及众多环节，各方面配合稍有不好，就会影响其固有可靠性。

（4）人为差错。人在工程系统工作中起着十分重要的作用，无论自动化程度多高，也不能把具有高级识别能力的人从系统中排除出去。但人的能力有限，尽管工作规程、标准规范、工艺过程等制定得很完善，也不能完全免除人为差错。另一方面，为避免系统中的人为差错，就要提高操作和检查的自动化水平，导致系统更加复杂，从而对人的判断水平要求更高，其差错对系统的影响也就更大，这种矛盾越来越显著。

2) 装置发生故障的技术原因

以上所述为影响装置可靠性的根本原因，对运行人员来讲迫切关心的则是可靠性低的直接技术原因，尤其是可以用统计方法估计和纠正的不可靠的原因。从这个角度可粗略地分为3类：

（1）质量不合格造成的故障，主要包括：

① 原设计不能适应实际使用的需要。可能是元器件、材料使用不当或电路、工艺选择不当而造成的。

② 使用环境应力超过装备负荷能力。可能是由于环境不适应或对环境条件估计错误而造成的。

③ 生产或加工缺陷。

（2）使用中人为因素造成的故障，主要包括：

① 运输、储存中的人为损坏。

② 使用不当。

③ 维修不当、不良。

（3）耗损故障。主要是指装备老化、疲劳、腐蚀、磨损等原因造成的故障，主要来自两个方面：

① 某些元器件、零部件超过使用寿命。

② 某些元器件、零部件长时间受某种环境应力影响。

3. 故障分类

故障的分类有多种，不同的分类就是要从不同的方面来揭示故障的不同侧面的规律，以便为预防故障、发现故障、分析故障、纠正故障和评价产品可靠性提供支持。

2.2.2节按照失效原因、程度、可否预测、发生速度、危害程度、特征，以及产品寿命周期等，给出了常见的故障分类列表。

本节对工程中经常碰到的、比较重要的一些故障分类，补充进行描述。

（1）单点故障：是指会引起系统故障的，而且没有冗余或替代的操作程序作为补救的产品故障。例如，一旦发动机发生故障，汽车就不能行驶了，因为它没有冗余，这就是单点故障；而飞机发动机有冗余，发生故障时就不能称为单点故障。在核反应堆相关系统中，对于那些与核安全直接相关的系统，通常是不允许出现单点故障的，在设计中应贯彻"单一故障准则"，但在舰船核动力装置由于空间条件等制约，还是可能会有单点故障，尽管它们发生的概率通常很低。

（2）渐变故障与突发故障：渐变故障是指产品性能随时间的推移逐渐发生变化而产生的故障。这种故障一般可以通过事前的检测或监控来预测，有时可通过预防性维修加以避免。与它相对应的是突发故障，它是指产品性能突然发生变化而出现的故障，通常难以通过事前的检测或监控来预测。在舰船核动力的运行使用过程中，研究和防范的重点是渐变故障，这也是目前比较热点的视情维修等先进维修方式的基础所在。

（3）独立故障与从属故障：独立故障是指不是由于另一产品故障引起的故障，也称原发故障。从属故障是指由于另一产品故障引起的故障，也称诱发故障。比如，舰船核动力某系统中安全阀发生故障——压力达到整定值后无法打开，而后由于压力持续上升，导致管道发生破裂，这里安全阀故障是独立故障，管道破裂就是从属故障。但要注意，独立与从属往往与分析问题所选定的层次有关，是个相对的概念。

（4）系统性故障与偶然故障：系统性故障是指由某一固有因素引起、以特定形式出现的故障。它只能通过修改设计、制造工艺、操作程序或其他关联因素来消除。偶然故障是指产品由于偶然因素引起的故障，只能通过概率或统计方法来预测。

（5）关联故障与非关联故障：非关联故障是指已经证实未按规定的条件使用而引起的故障，或已经证实仅属某项将不采用的设计所引起的故障，否则即称为关联故障。关联故障在可靠性试验与评价中经常用到，即关联故障才能作为评价产品可靠性的故障数。

4. 故障等级划分

进行故障定性或定量分析时，必须事先划分故障的等级。只有这样，才能判断每项产品、每个故障模式对系统的影响及其后果如何。故障等级与故障判据不同，后者是判断产品是否故障，以及是何种故障；而前者是针对产品故障后，对系统的后果影响如何。故障等级要综合考虑性能、费用、周期、安全性和风险等诸方面的因素。

故障模式所产生后果的严重程度一般称为严酷度。表4-1为GJB/Z1391—2006依据严酷度对故障等级的划分。

表4-1 故障等级的划分

严酷度	定 义
Ⅰ（灾难的）	这是一种会引起人员伤亡或系统毁坏的故障
Ⅱ（致命的）	这种故障会引起人员的严重伤害、重大经济损失或导致任务失败的系统严重损坏
Ⅲ（临界的）	这种故障会引起人员的轻度伤害、一定的经济损失或导致任务延误或降级的系统轻度损坏
Ⅳ（轻度的）	这是一种不足以导致人员伤害、一定的经济损失或系统损坏的故障，但会导致非计划性维护或修理

4.1.2 故障模式

故障模式，就是指产品（元器件、零部件、组件或设备等）的"故障表现形式"，一般是能被观察到的一种故障现象。故障模式是进行故障分析的基础之一，有必要彻底弄清系统或设备在各功能级上的全部故障模式。

系统、设备不同，故障模式所含内容、名词也可能不同。表 4-2 列举了由工作时间分类的故障模式，表 4-3 则为详细的故障模式，它足以概括绝大多数系统可能发生的故障现象。

表 4-2 根据工作时间分类的故障模式

序号	故障模式
1	提前运行
2	在规定时刻开机不能运行
3	在规定时刻关机不能停止运行
4	运行中故障

表 4-3 可能发生的故障模式

序号	故障模式	序号	故障模式
1	结构故障（破损）	18	错误动作
2	物理性质的捆结或卡死	19	不能关机
3	振动	20	不能开机
4	不能保持正常位置	21	不能切换
5	打不开	22	提前运行
6	关不上	23	滞后运行
7	错误开机	24	错误输入（过大）
8	错误关机	25	错误输入（过小）
9	内漏	26	错误输出（过大）
10	外漏	27	错误输出（过小）
11	超出允许上限	28	无输入
12	超出允许下限	29	无输出
13	意外运行	30	电短路
14	间歇性工作不稳定	31	电开路
15	漂移性工作不稳定	32	电漏泄
16	错误指示	33	对于系统特性、要求和运行限制的其他独特故障条件
17	流动不畅		

故障模式通常是故障发生后首先观察或关注的方面，它往往也是开展故障分析的起点，因此，准确地描述故障模式是十分重要的。

4.1.3 故障机理

1. 故障机理概念

故障模式并不解决装备为何出现故障的问题，为提高装备可靠性，还必须分析故障的机理。故障机理是"引起故障的物理的、化学的、生物的或其他的过程"。显然故障机理依装备种类、使用环境而异，不能一概而论，但往往以磨损、疲劳、腐蚀、氧化等简单形式表现出来。

故障发生的过程或故障机理，因情况不一，有的一目了然，有的则需经过测试、分析才能了解，还有的经多方分析仍不能认识。通常一种故障机理还会诱发另外的故障机理，从而产生复杂的交互作用，无法单项性地描述故障机理。如一回路净化树脂分解，或是发热、振动等导致的二次故障就属这类情况。

对机械、电气设备零部件，常见的基本故障机理有"SCWIFT 分类"：

（1）蠕变或应力断裂（S—stress）；

（2）腐蚀（C—corrosion）；

（3）磨损（W—wear）；

（4）冲击断裂（I—impulsion）；

（5）疲劳（F—fatigue）；

（6）热（T—thermal）。

与故障机理密切相关的一个概念是故障原因，它是指引起故障的设计、制造、使用和维修等有关因素。应该说，故障原因作用在具体的产品上，形成了故障的机理，最终导致了故障的发生。因此，在实际工作中，很多时候并不严格区分故障原因与故障机理。

2. 故障模式与故障机理的关系

以人生病为例，故障机理相当于病理，而故障模式则相当于基本的病症。比如，故障有断线、短路、退化等类型的模式，即使故障机理不明，而故障的模式总可以观察到。

一般来说，故障的原因很多，故障的情况也有所不同，但存在一共同特点，即来自环境、工作条件等能量积蓄且超过某个界限，物体就要开始退化。这些环境、工作条件等一般被称为"应力"（广义的应力）。从可靠性定义可得知，物体退化与时间因素密切相关。

应力和时间作为产生故障的外因，导致发生故障的物理、化学、生物或其他过程（故障机理），进而显示出若干的故障模式。这一过程如图 4-1 所示。

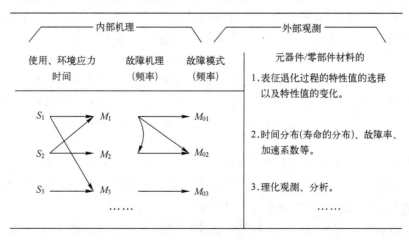

图 4-1 故障发生的原因和现象

图 4-1 表示，部件在种种应力（$S_1,S_2,S_3,\cdots$）作用下，分别或同时产生某些故障机理（$M_1,M_2,M_3,\cdots$），进而还会由某一机理衍生出另一机理（如 $M_1 \rightarrow M_2$，随着时间推移，这种衍生将会增多），最后表现为若干的故障模式（$M_{01},M_{02},M_{03},\cdots$）。值得提及的是，即使同一应力，也能够同时诱发两个以上的故障机理，例如温度应力既可促使表面氧化、电气特性退化，又可使结构的强度下降。

由上述可知，零部件的故障模式、故障机理在工程实际中并非不变，是储存、使用、维护等环境（应力）以及时间的函数，且与设计、制造、试验等因素密切相关，都具有不确定性。在实际中人们未必都能明确区分故障的模式和机理，需要根据不同的对象来规定各自特定的分类，有时故障机理也可能分类到故障模式里。

4.1.4 故障分析的常用方法

故障分析也称失效分析，是质量保证和可靠性分析中不可缺少的技术，它包括研究装备潜在的或显在的故障机理、发生率及故障的影响，或为决定改进措施而进行的系统调查研究。按照故障分析实施的时机，一般可分 3 种：

（1）事前分析：事前的设计阶段所做的试验、预测、评价以及以此为基础的改进。

（2）事中分析：由状态计量，掌握故障发生的过程；由监视进行预防性维修，及时采取对策。

（3）事后分析：故障原因的事后分析，建立有关原因的假定，并加以求证，谋求本质性的对策。

故障分析因处理的对象、目的等不同而方法各异，若按采用的方法则大致可分为统计性分析和固有技术分析两类。

（1）统计性分析：主要是对装备故障进行定量的分析，应用数理统计、故障模型、概率分布等方法预测和估计装备的故障概率和变化。

（2）固有技术分析：主要是对装备故障进行性质和功能上的分析，应用应力分析、理化试验分析、功能和环境试验等各个领域的固有技术，分析装备的故障机理和预防技术，后一部分即为故障分析的研究范畴。

因此，可以看出，故障分析贯穿于装备从设计到使用的全过程，事前、事中、事后分析组成一个有机的循环。保证装备可靠性应强调事前、事中分析，预测和预防装备在使用中可能发生的故障。事后分析同事前、事中分析同样重要，它是在事故或故障发生后进行的检测和分析，以找到故障的部位、故障的原因和机理，提出改进措施和修复方法，防止同类故障和事故的发生。其意义在于为设计提供预防和预测故障的数据和依据，为生产制造提供分析工艺缺陷的原因，为使用者找出事故原因和预防措施。

故障分析是一门涉及众多技术领域的综合技术，需要了解系统分析、装备结构、材料物理、测试分析、模型计算，以及有关疲劳、断裂、磨损、腐蚀等各种学科方面的知识，尤其是需要掌握装备故障处理方面的经验。

国内外可靠性工程中常用于分析故障因果关系的典型方法如图 4-2 所示。

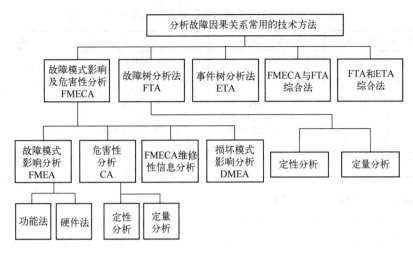

图 4-2 分析故障因果关系常用的技术方法

除此之外，还有耐久性分析、失效物理分析等侧重于失效机理等固有分析技术。

4.2 故障模式、影响及危害性分析

4.2.1 概述

1. FMECA 基本概念

故障模式、影响及危害性分析，简记为 FMECA（failure mode effect & criticality analysis），是装备整个寿命期内必不可少的技术之一，在故障分析技术中具有重要地位，它是目前在装备研制中得到广泛应用的一种可靠性设计分析与评估方法。

FMECA 是确定系统所有可能的故障，根据对故障模式的分析，确定每一故障对系统的影响，找出单点故障，并按照故障模式的严酷度及其发生概率，确定其危害性。FMECA 实际上由故障模式及影响分析（FMEA）、危害性分析（CA）两个步骤完成。

FMECA 的任务包括：对每个潜在的故障进行估计，以确定其对完成任务所产生的影响，并按其严重性分类；对严重阻碍任务完成的故障模式进行更深入的调查研究，确定为消除故障原因或降低任务风险水平而应采取的措施或对策。

2. FMECA 的分类

在产品寿命周期内的不同阶段，FMECA 的应用目的和应用方法略有不同。从表 4-4 中可以看出，在产品寿命周期的各个阶段虽有不同形式的 FMECA，但其根本目的只有一个，即从产品设计（功能设计、硬件设计、软件设计）、生产（生产可行性分析、工艺设计、生产设备设计与使用）和产品使用角度发现各种缺陷与薄弱环节，从而提高产品的可靠性水平。

表 4-4　在产品寿命周期各阶段的 FMECA 方法

应用方法	方案论证阶段	工程研制阶段	生产阶段	使用阶段
			生产工艺 FMECA	统计 FMECA
	功能 FMECA	硬件 FMECA 软件 FMECA	生产设备 FMECA	
应用目的	分析研究系统功能设计的缺陷与薄弱环节，为系统功能设计的改进和方案的权衡提供依据	分析研究系统硬件、软件设计的缺陷与薄弱环节，为系统的硬件、软件设计改进和方案权衡提供依据	分析研究所设计的生产工艺过程的缺陷和薄弱环节及其对产品的影响，为生产工艺的设计改进提供依据。 分析研究所生产设备的故障对产品的影响，为生产设备的改进提供依据	分析研究产品使用过程中实际发生的故障、原因及其影响，为评估论证、研制、生产各阶段的 FMECA 的有效性和进行产品的改进、改型或新产品的研制提供依据

3. FMECA（FMEA）所需的资料

进行 FMEA 和 FMECA 必须熟悉整个系统的情况，具体包括：

（1）有关系统结构方面的资料。必须知道系统的工作原理、结构形式、元器件/零部件的特性、功能（作用），以及系统冗余程度和冗余性质。

（2）有关系统使用维护方面的资料。必须说明系统在不同工作条件下的状态，以及在不同的运行阶段系统及其部件的结构或位置的变动、系统使用过程中的额定参数及其变化范围；必须知道系统在完成每项任务的持续时间（可能排除故障、操作以及完成这些操作所需时间）、周期性测试的间隔；必须知道系统的启动步骤、不同运行阶段时的控制方式、预防性和修复性维修，以及例行的测试步骤。

（3）有关系统所处的环境方面的资料。必须说明包括系统组成装备引起的环境与外界环境在内的系统环境条件；必须精确定义和详细描述系统和其他系统（如辅助系统）之间的相互关系、从属性，或相互连接（边界条件或接口，特别是与运行人员的接口）。

4.2.2　基本步骤

由于系统在使用中具有多变而又复杂的性质，在开展 FMEA 技术时，采用标准化的格式很有必要。FMEA 和 FMECA 的基本步骤如下：

（1）定义系统及其功能。明确系统要完成的任务，可能具有的工作模式及其变化规律，所处的使用环境，系统的故障判据等；正确划分系统的功能等级；画出系统的功能框图。

（2）构造系统的可靠性框图。根据第 3 章所述方法，在功能框图基础上画出系统的可靠性框图。

（3）列出各功能级的故障模式、原因、效应。这是 FMEA 技术中关键性的一步。按上一节所述方法，可列出系统各功能级的故障模式、故障原因（机理）。

故障效应是指每一种假定的故障模式所引起的各种后果，包括故障模式的各有关系统功能级的功能、人员安全、硬件性能和环境的影响。大致可分为两种情况：

① 局部效应考虑故障模式对所研究单元的故障效应，并连同二次效应来阐明每种假定的故障模式对该单元输出的影响后果。目的是为现有单元进行替换，或采取某种措施提供一个依据，以及为更高功能级的分析提供故障模式。

② 最终效应指假定的故障模式通过所有中间功能级对最高功能级的故障效应,所描述的最终效应可以是多重故障的后果。

（4）研究故障的检测方法。这一步关系到故障模式再现、找出故障机理,进而提出预防对策或改进措施。

故障检测方法应指明是目视检查或者音响报警装置、自动传感装置、传感仪器或其他独特的显示手段,还是无任何检测方法。

（5）可能的预防措施。针对各种故障模式、原因及效应,提出可能的预防改进措施,是关系到能否有效地提高系统可靠性的重要环节。它包括系统（装备）硬件和软件结构、性能、使用环境,以及人员素质等方面的改进、替换、提高等手段。

如替换措施包括:有冗余单元,当一个或多个单元损坏时,系统仍能继续工作;安全或保险装置,如能有效工作或控制系统不致发生损坏的监控及报警装置;允许有效工作或限止损坏的任何其他办法。

（6）危害性分析。这一步仅适用于 FMECA,是进行故障分析度量化的一步。先确定各种故障效应的严酷度（如表 4-1）,确定各种故障模式的发生概率;然后估计危害度,可用网络法（图 4-3）。

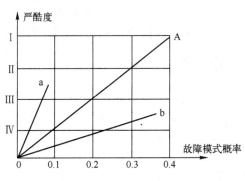

图 4-3 危害度网络

从图中可确定各故障模式的位置,线段离原点越远,其危害度越高。这样能直观看出各故障模式的危害度高低。

（7）填写 FMEA 或 FMECA 表格。典型的表格如表 4-5 所列。

表 4-5 FMECA 表

FMECA 表												
名称				编号					第 页 共 页			
分析者				设计者					日期			
序号	零部件名称	代号	数量	功能	故障模式	故障原因	故障效应		故障检测方法	可能的防止措施	最终效应严酷度	概率	危险度	备注
							局部	最终						

对于 FMEA,则不填表中概率和危险度两项,最终效应严酷度可填可不填。

4.2.3　FMEA 和 FMECA 方法的特点

FMEA 和 FMECA 有以下几个特点：

（1）它基本上是一个定性的工程化的分析方法，不需要高深的数学理论和大量的寿命数据，但工作量大，主要是进行簿记工作。

（2）原理简单，方法易行，适用于装备寿命的各阶段，实际效果较明显，不仅用于硬件，还可以考虑软件缺陷和人为故障。

（3）它是考虑了所有故障模式的系统的、全面的、标准化的分析方法，从而摆脱了对分析者文化程度和工作经验的过分依赖，当然，分析者应当具备分析对象的背景知识，并受过 FMEA 和 FMECA 的专门训练。

（4）方法适用于机械产品。

（5）这种方法的局限性在于它是一种单因素分析方法，即假设只发生一种故障模式，若多因素同时起作用，或相互作用而导致一种后果的情况就难以分析。

（6）对环境影响考虑有限，因为这种情况要求对系统不同零部件特性和性能有深入了解，给工作增加了难度；

（7）它是其他故障分析方法的基础之一，既可单独使用，也可作为可靠性定量分析方法的补充和保证。若与其他分析方法综合使用，其收效会更大。

4.2.4　FMECA 分析应注意的问题

在实施 FMECA 过程中，应注意以下问题：

（1）FMECA 工作应与产品的设计同步进行，尤其应在设计的早期阶段就开始进行 FMECA，这将有助于及时发现设计中的薄弱环节并为安排改进措施的先后顺序提供依据。

（2）对产品研制的不同阶段，应进行不同程度、不同层次的 FMECA。也就是说，FMECA 应及时反映设计、工艺上的变化，并随着研制阶段的展开而不断补充、完善和反复迭代。

（3）FMECA 工作应由产品设计人员完成。即贯彻"谁设计、谁分析"的原则，这是因为设计人员对自己设计的产品最了解。

（4）FMECA 分析中应加强规范化工作，以保证产品 FMECA 的分析结果具有可比性。开始分析复杂系统前，应统一制定 FMECA 的规范要求，结合系统特点，对 FMECA 中的分析约定层次、故障判据、严酷度与危害度定义、分析表格、故障率数据源和分析报告要求等均应作统一规定及必要说明。

（5）应对 FMECA 的结果进行跟踪与分析，以验证其正确性和改进措施的有效性。这种跟踪分析的过程，也是逐步积累 FMECA 工程经验的过程。一套完整的 FMECA 资料，是各方面经验的总结，是宝贵的工程财富，应当不断积累并归档，以备查考。

（6）FMECA 虽是有效的可靠性分析方法，但并非万能。它们不能代替其他可靠性分析工作。特别应注意，FMECA 一般是静态的单一因素分析方法，在动态分析方面还不完善，若对系统实施全面的分析还应与其他分析方法相结合。

4.3 故障树分析方法

4.3.1 概述

故障树分析，简记为 FTA（fault tree analysis），1961 年美国贝尔实验室首次用 FTA 方法分析"民兵"导弹的发射控制系统。1974 年美国原子能管理委员会发表了具有里程碑意义的商用反应堆安全性报告（WASH-1400），该报告主要采用事件树分析（ETA）和 FTA 技术，进一步推动了对 FTA 的研究和应用。这种图形化的方法从其诞生开始就显示了巨大的工程实用性和强大的生命力，随着计算机技术的发展，FTA 技术已经逐渐地渗入到各工程领域，并逐步形成了一套完整的理论、方法和应用分析程序。迄今 FTA 被公认为当前复杂系统可靠性、安全性分析的一种好方法。

FTA 是通过对可能造成系统故障的各种因素（硬件、软件、环境、人为因素等）进行分析，画出逻辑图（故障树），从而确定系统故障原因的各种可能组合方式及其发生概率，以计算系统故障概率，采取相应的纠正措施，以提高系统可靠性的一种分析方法。

FTA 的主要目的如下：

（1）在产品设计的同时进行 FTA，可以帮助判明潜在的故障模式和灾难性危险因素，发现可靠性和安全性薄弱环节，以便采取改进设计，以提高产品的固有可靠性或安全性。

（2）在生产、使用阶段，FTA 可以帮助故障诊断，改进使用维修方案；发生重大故障或事故后，FTA 是事故调查的一种有效手段，可为故障归零提供依据。

FTA 方法与可靠性框图分析方法在数学上是等价的，但不同的是，它是从系统故障角度来考虑问题，是以最不希望发生的事件为对象，用演绎的方法追究其故障原因。

FTA 方法具有许多优点，使它得到了广泛的应用。

（1）灵活性好。不是局限于对系统可靠性做一般的分析，而是可以分析系统的各种故障状态。不仅可以分析某些零部件故障对系统的影响，还可以对导致故障的特殊原因（环境的、人为的原因）进行分析，进行统一考虑。

（2）直观性强。FTA 是一种图形演绎的方法，是故障事件在一定条件下的逻辑推理方法。从故障树图形中可以直观地看出部件故障与系统之间的逻辑关系，以及各种因素对故障发生影响的途径和程度。分析完成后，分析人员将对系统故障及其造成故障的原因和途径有更深入的了解，对其他人员也是一个很形象的管理指南。

（3）帮助深化认识。进行 FTA 时，要求分析人员把握系统的内在联系，弄清各种潜在因素对故障发生影响的途径和程度，许多问题可以在分析过程中被发现。

（4）可开展定量分析。通过故障树可以定量地计算复杂系统的故障发生概率及其他可靠性参数，为改善和评估系统可靠性提供定量数据。

（5）有助于人员培养。故障树对于不曾参与系统设计的运行与维修人员来说，相当于一个形象的管理、故障诊断指南，对于培训使用系统的人员很有意义。

从分析过程来看，FTA 的一般步骤可以用图 4-4 表示。

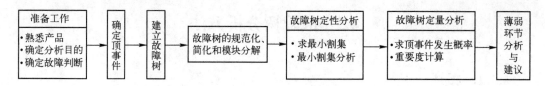

图 4-4 FTA 的一般步骤

第一步：FTA 的准备工作，包括熟悉产品、确定分析目的和确定故障判据。

第二步：确定顶事件，根据分析的需要，选择一个最不希望发生的事件作为顶事件。

第三步：建立故障树，利用故障树专用的事件和逻辑门符号，将故障事件之间逻辑推理关系表达出来。

第四步：故障树的规范化、简化和模块分解，将建立的故障树规范化，成为仅含有底事件、结果事件以及与门、或门及非门3种逻辑门的故障树。同时进行简化和模块分解，以节省分析工作量。

第五步：故障树的定性分析，根据建立的故障树，采用上行法或者下行法进行分析，确定故障树的割集和最小割集，并进行最小割集和底事件的对比分析。

第六步：故障树的定量分析，根据故障树的底事件发生概率计算故障树顶事件的发生概率，并进行底事件的重要度计算。

第七步：薄弱环节分析与建议，根据故障树定性分析结果和定量分析结果，确定哪些底事件或者最小割集是产品最为薄弱的环节，并提出相应的改进建议。

4.3.2 故障树的有关符号

故障树分析中使用了许多符号，详见 GJB/Z 768A—98，本节仅介绍一些主要符号。故障树中常用事件的符号如表 4-6 所列。

表 4-6 故障树常用事件及其符号

序号	符号	名称	说明
1	○	基本事件	在故障树分析中无须探明其发生原因的底事件
2	◇	未探明事件	原则上应进一步探明其原因但暂时不必或者不能探明其原因的底事件
3	□	结果事件	由其他事件或者事件组合所导致的事件。其中，位于故障树顶端的结果事件为顶事件，位于顶事件和底事件之间的结果事件为中间事件

故障树中常用的逻辑门及符号如表 4-7 所列。

表 4-7 故障树常用逻辑门及其符号

序号	符号	名称	说明
1		与门	表示仅当所有输入事件发生时，输出事件才发生

续表

序号	符号	名称	说明
2	(或门符号)	或门	表示至少一个输入事件发生时,输出事件就发生
3	r/n	表决门	表示仅当 n 个输入事件中有 r 个或者 r 个以上的事件发生时,输出事件才发生($1 \leq r \leq n$)
4	(异或门符号) 不同时发生	异或门	表示仅当单个输入事件发生时,输出事件才发生
5	(禁门符号) 禁门打开的条件	禁门	表示仅当禁门条件事件发生时,输入事件的发生方能导致输出事件的发生

故障树中常用转移符号如表 4-8 所列。

表 4-8 故障树常用转移符号

序号	符号	名称	说明
1	(子树代号 字母数字)	相同转出符号	表示"下面转到以字母数字为代号所指的子树去"
2	(子树代号 字母数字)	相同转入符号	表示"由具有相同字母数字的符号处转到这里来"
3	(相似的子树代号) 不同的事件标号 ××~××	相似转出符号	表示"下面转到以字母数字为代号所指结构相似而事件标号不同的子树去"
4	(子树代号)	相似转入符号	表示"相似转移符号所指子树与此处子树相似但事件标号不同"

4.3.3 故障树建立

建立故障树要注意以下几点:

(1)建树前必须对所分析的系统有深刻、完善的了解,并获得足够的描述系统及其使用的技术文件和资料。

(2)故障事件要精确定义,指明故障是什么,在何种条件下发生,尽量作唯一解释,切忌模棱两可,含糊不清,以免建树中出现逻辑混乱甚至矛盾或错误。

(3)选好顶事件,它应当确实是系统不希望发生的事件,能够分解。

(4)合理确定边界条件,以便确定故障的范围,这包括确定系统的初始状态,确定可以忽略不计的小概率事件,确定在一定条件下的必然事件等,但是注意忽略小概率事件不等于忽略小部件的故障和小故障事件,另外,若某故障一旦发生后果严重,则即使是小概率事件,也是不能忽略的。

（5）建树应逐级进行，首先将逻辑门的全部输入事件都作出完整的定义，再进一步分析某个输入事件，不允许"跳跃"。

（6）故障树建立后，要进行"修剪"，如图 4-5 所示，即把多余的事件去掉，避免逻辑门直接相连。

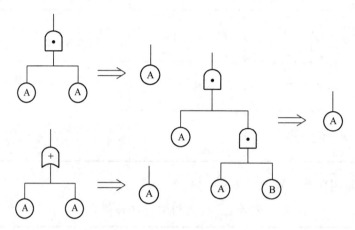

图 4-5 故障树的修剪

【例 4-1】 图 4-6 是一直流驱动系统原理图，试画出电动机过热的故障树和电动机不能工作的故障树。

解：（1）电动机过热。

首先确定：

顶事件——电动机过热。

初始条件——开关闭合。

边界条件——不计导线及接点故障，不考虑系统之外的影响。

利用逻辑推理，逐级进行分析，画出故障如图 4-7 所示。

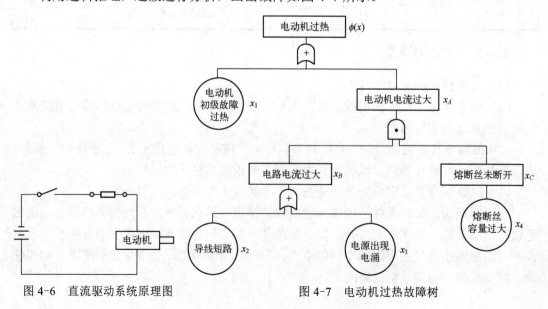

图 4-6 直流驱动系统原理图　　　图 4-7 电动机过热故障树

（2）电动机不能工作。

首先确定：顶事件——电动机不能工作。

初始和边界条件与（1）相同。

画出故障树如图 4-8 所示。

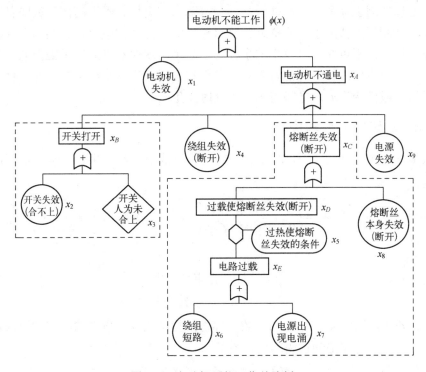

图 4-8　电动机不能工作故障树

对于较复杂的故障树，可以利用模块化来减少顶事件故障树的规模。模块化就是把故障树中的底事件化成若干底事件的集合，这些集合之间没有重复事件。这样的集合称为模块，如图 4-8 故障树中虚线所示的部分。

故障树建立过程中还应把握几条重要规则：

（1）明确建树边界条件，确定简化系统图。建树前应根据分析目的，明确定义所分析的系统和其他系统（包括人和环境）的接口，同时给定一些必要的合理假设（如不考虑一些设备或接线故障，对一些设备故障作出偏安全的保守假设、暂不考虑人为故障等），从而由真实系统图得到一个主要逻辑关系等效的简化系统图。建树的出发点不是真实系统图，而是简化系统图。

（2）故障事件应严格定义。各级故障事件都必须严格定义，应明确地表示为"故障是什么"和"什么情况下发生"，即说明故障的表现状态。例如，"泵启动后压力罐破裂""开关合上后电动机不转动"。

（3）从上向下逐级建树。从顶事件开始，应该不断利用直接原因事件作为过渡，逐步、无遗漏地将顶事件演绎为基本原因事件。

（4）建树时不允许门—门直接相连。本规则是防止建树者不从文字上对中间事件下定义即去建立该子树，而且门—门相连的故障树使评审者无法判断对错。

（5）用直接事件逐步取代间接事件。为了向下建立故障树，必须用等价的比较具体的直接事件逐步取代比较抽象的间接事件，这样在建树时也可能形成不经任何逻辑门的事件—事件串。

（6）处理共因事件和互斥事件。共同的故障原因会引起不同的部件故障甚至不同的系统故障。共同原因故障事件简称为共因事件。对于故障树中存在的共因事件，必须使用同一事件标号。不可能同时发生的事件（如一个元部件不可能同时处于通电及不通电的状态）为互斥事件。对于与门输入端的事件和子树应注意是否存在互斥事件，若存在则应该采用异或门变换处理（即表示为不同时发生）。

4.3.4 故障树的数学模型

记故障树的 n 个底事件为 $X_1, X_2, \cdots, X_n$，每一底事件和顶事件只有正常和故障两种状态，定义

$$X_i = \begin{cases} 1, & \text{底事件} X_i \text{发生} \\ 0, & \text{底事件} X_i \text{不发生} \end{cases} \quad i = 1, 2, \cdots, n$$

$$X = (X_1, X_2, \cdots, X_n)$$

$$\phi(X) = \begin{cases} 1, & \text{顶事件发生} \\ 0, & \text{顶事件不发生} \end{cases}$$

显然，$\phi(X)$ 是 $X_1, X_2, \cdots, X_n$ 的函数，称为结构函数或顶事件的布尔代数表达式。

对 n 个输入事件组成的逻辑与门，有

$$\phi(X) = \min_{1 \leq i \leq n} X_i = X_1 X_2 \cdots X_n$$

对 n 个输入事件组成的逻辑或门，有

$$\phi(X) = \max_{1 \leq i \leq n} X_i = X_1 + X_2 + \cdots + X_n$$

逻辑禁门可以等效变换成图 4-9 所示的逻辑与门，所以有

$$\phi(X) = \min(X_1, X_2) = X_1 X_2$$

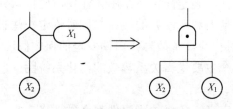

图 4-9　逻辑禁门等效变换

两个输入事件组成的异或门可以等效变换成图 4-10 所示的形式，所以有

$$\phi(X) = \max\{\min(X_1, \bar{X}_2), \min(\bar{X}_1, X_2)\}$$
$$= X_1(1 - X_2) + X_2(1 - X_1)$$

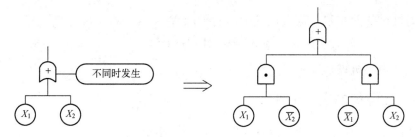

图 4-10 异或门等效变换

其中 $\bar{X}_i = 1 - X_i$。对逻辑非门有

$$\phi(X) = \bar{X}_1 = 1 - X_1$$

对 k/n 门，也可以进行相应的等效变换。如对 2/3 门，可以等效变换成图 4-11 所示的形式，所以有

$$\phi(X) = \max\{\min(X_1, X_2), \min(X_2, X_3), \min(X_3, X_1)\}$$
$$= X_1 X_2 + X_2 X_3 + X_3 X_1$$

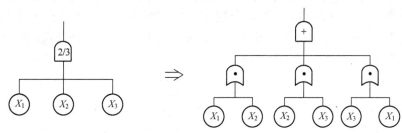

图 4-11 2/3 门等效变换

需要注意的是，上述过程中涉及的运算是布尔代数运算，其运算规则为

$$0+0=0 \quad 0\times 0=0$$
$$1+0=0+1=1 \quad 1\times 0=0\times 1=0$$
$$1+1=1 \quad 1\times 1=1$$

对于复杂的故障树，也可以求出顶事件的布尔代数表达式。

【例 4-2】 对例 4-1 所示的直流驱动系统电动机过热故障树和电动机不能工作故障树，分别求其顶事件的布尔代数表达式。

解：对图 4-7 中的电动机过热故障树，易得

$$\phi(X) = X_1 + X_A$$
$$= X_1 + X_B X_C$$
$$= X_1 + (X_2 + X_3) X_4$$

对图 4-8 中的电动机不能工作故障树，易得

$$\phi(X) = X_1 + X_A$$
$$= X_1 + X_B + X_4 + X_C + X_9$$
$$= X_1 + X_2 + X_3 + X_4 + X_D + X_8 + X_9$$
$$= X_1 + X_2 + X_3 + X_4 + X_E X_5 + X_8 + X_9$$
$$= X_1 + X_2 + X_3 + X_4 + X_5(X_6 + X_7) + X_8 + X_9$$

在电动机过热的布尔代数表达式中，$X_1 = 0$，$X_2 = X_3 = X_4 = 1$，则
$$\phi(X) = 0 + (1+1) \times 1 = 1$$
即顶事件电动机过热发生。

4.3.5 故障树的定性分析

故障树的定性分析就是要研究最小割集和最小路集。

1. 最小割集和最小路集的定义

从顶事件发生的角度引入最小割集。设故障树有 n 个底事件 $X_1, X_2, \cdots, X_n$，$C = \{X_{i1}, X_{i2}, \cdots, X_{ik}\}$ 为某些底事件的组合，当其中全部底事件发生时，顶事件必然发生，则称 C 为故障树的一个割集；若 C 是一个割集，而 C 中任意去掉一个底事件就不是割集，则称 C 为一个最小割集。

从顶事件不发生的角度引入最小路集。$D = \{X_{i1}, X_{i2}, \cdots, X_{ij}\}$ 是某些底事件所组成的集合，当 D 中每一个底事件都不发生，顶事件必然不发生，则称 D 为故障树的一个路集；若 D 是一个路集，而 D 中任意去掉一个底事件就不再是路集，则称 D 为最小路集。

【例 4-3】 某系统的故障 T 的故障树如图 4-12 所示，求故障树的割集、最小割集、路集和最小路集。

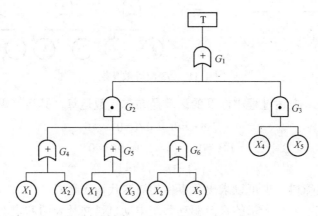

图 4-12 某系统的故障 T 的故障树

解：经分析知

$\{X_1, X_4, X_5\}$，$\{X_2, X_4, X_5\}$⋯都是割集，但不是最小割集。

$\{X_1, X_2\}$，$\{X_2, X_3\}$，$\{X_1, X_3\}$，$\{X_4, X_5\}$ 是所有最小割集。

$\{X_1, X_2, X_3, X_4\}$，$\{X_1, X_3, X_4, X_5\}$⋯都是路集，但不是最小路集。

$\{X_1, X_2, X_4\}$，$\{X_1, X_3, X_4\}$，$\{X_2, X_3, X_4\}$，$\{X_1, X_2, X_5\}$，$\{X_1, X_3, X_5\}$，$\{X_2, X_3, X_5\}$ 是所有最小路集。

最小割集确定顶事件的"故障模式"，而最小路集则规定了顶事件不发生的"成功模式"，找出所有最小割集和最小路集，也就摸清了所有的故障模式和成功模式。一般地，故障概率大的故障模式和成功概率小的成功模式就是系统的薄弱环节。通过发现系统的薄弱环节，"对症下药"，就可以达到提高可靠性的目的。

2. 求全体最小割集的方法

有许多求全体最小割集的方法，下面介绍两种公认较好的方法。

（1）下行法。下行法是利用逻辑或门增加割集数量，逻辑与门增加割集容量的特点，由上而下地进行。具体作法是：从顶事件开始，顺次将上排事件置换为下排事件，经过或门输入事件竖向写出，经过与门输入事件横向写出，直到全部（中间事件）都置换成底事件为止，所得的全部竖向排列的项都是割集；去掉重复割集后，再吸收多余的割集，便得到全部最小割集。

例如，最后得到以下 4 个割集

$$\{X_1, X_2, X_1\},\ \{X_2, X_1\},\ \{X_1, X_2\},\ \{X_1\}$$

$\{X_1, X_2, X_1\}, \{X_2, X_1\}$ 是 $\{X_1, X_2\}$ 的重复，故去掉前两者，而 $\{X_1, X_2\}$ 可以被 $\{X_1\}$ 所吸收，故最小割集只有 $\{X_1\}$。

【例 4-4】 用下行法求图 4-12 所示的故障树的全部最小割集。

解：过程如下：

$$
\begin{array}{llll}
T & \downarrow & X_2X_1X_2 & \downarrow \\
\downarrow & X_1X_1G_6 & X_2X_1X_3 & X_1X_2 \\
G_2 & X_1X_3G_6 & X_2X_3X_2 & X_1X_3 \\
G_3 & X_2X_1G_6 & X_2X_3X_3 & X_2X_3 \\
\downarrow & X_2X_3G_6 & X_4X_5 & X_4X_5 \\
G_4G_5G_6 & X_4X_5 & \downarrow & \\
X_4X_5 & \downarrow & X_1X_2 & \\
\downarrow & X_1X_1X_2 & X_1X_3 & \\
X_1G_5G_6 & X_1X_1X_3 & X_2X_1X_3 & \\
X_2G_5G_6 & X_1X_3X_2 & X_2X_3 & \\
X_4X_5 & X_1X_3X_3 & X_4X_5 & \\
\end{array}
$$

得到全部最小割集

$$\{X_1, X_2\}, \{X_1, X_3\}, \{X_2, X_3\}, \{X_4, X_5\}$$

（2）上行法。上行法的做法是由下而上，用逻辑门的输出事件来置换输入事件，每做一步都进行简化、吸收，直至用底事件置换了顶事件，可得到全部最小割集。

【例 4-5】 用上行法求图 4-12 所示的故障树的全部最小割集。

解：显然

$$G_4 = X_1 + X_2, G_5 = X_1 + X_3, G_6 = X_2 + X_3, G_3 = X_4X_5$$

$$G_2 = G_4G_5G_6 = (X_1 + X_2)(X_1 + X_3)(X_2 + X_3)$$

运用性质：$X + X = X; XX = X$，得

$$G_2 = X_1X_2 + X_1X_3 + X_1X_2X_3 + X_2X_3$$

而 $T = G_1 = G_2 + G_3 = X_1X_2 + X_1X_3 + X_1X_2X_3 + X_2X_3 + X_4X_5$

运用性质 $X+XY=X$（吸收律），得

$$T = X_1X_2 + X_1X_3 + X_2X_3 + X_4X_5$$

从而全部最小割集为

$$\{X_1, X_2\}, \{X_1, X_3\}, \{X_2, X_3\}, \{X_4, X_5\}$$

3. 定性重要度

定性重要度可以定性给出每个最小割集和底事件导致顶事件发生的影响大小的"排序次序"。重要度大的最小割集和底事件排在前面，它们对于提高系统可靠性较为重要。

最小割集定性重要度的排序规则是：最小割集所含底事件数越少，其重要度越大。

底事件定性重要的排序规则为：若 W_{ij} 表示第 i 个底事件（$i=1,2,\cdots,n$）在第 j 个最小割集（$j=1,2,\cdots,m$）中所分得的重要度（每个最小割集重要度为1，平分给所含底事件），则第 i 个底事件重要度

$$W_i = \sum_{j=1}^{m} W_{ij} - \sum_{1 \leq j < h \leq m} W_{ij}W_{ih} + \cdots + (-1)^{m-1} W_{i1} \cdots W_{im}$$

依据 W_i 大小排出顺序。

【例 4-6】 由 6 个底事件 X_1，X_2，X_3，X_4，X_5，X_6 组成的某故障树的最小割集如下

$$\{X_1\}, \{X_2, X_3\}, \{X_3, X_5, X_6\}, \{X_2, X_4\}, \{X_2, X_5\}$$

按照定性重要度的排序规则，最小割集按其重要度由大到小排列如下

$$\{X_1\}, \{X_2, X_3\}, \{X_2, X_4\}, \{X_2, X_5\}, \{X_3X_5X_6\}$$

底事件按其重要度由大到小排列如下

$$X_1, X_2, X_3, X_5, X_4, X_6$$

其中 X_3 和 X_5 重要度相同。

4.3.6 故障树的定量分析

1. 顶事件发生的概率

这里的问题是，当各底事件发生的概率已知时，求顶事件发生的概率。当然可以用状态穷举法进行计算，但比较麻烦。实际上可以利用求出的最小割集或最小路集进行计算。

可以证明，若一个系统的故障树的结构函数为 $\phi(X)$，C_1，C_2，$\cdots$，C_k 是它的所有 k 个最小割集，D_1，D_2，$\cdots$，D_m 是它的所有 m 个最小路集，则有

$$\phi(X) = \sum_{j=1}^{k} \prod_{X_i \in C_j} X_i = \prod_{j=1}^{m} \sum_{X_i \in D_j} X_i$$

如在例 4-3 中，有

$$\phi(X) = X_1X_2 + X_2X_3 + X_1X_3 + X_4X_5$$

或

$$\phi(X) = (X_1+X_2+X_4)(X_1+X_3+X_4)(X_2+X_3+X_4)(X_1+X_2+X_5)(X_1+X_3+X_5)(X_2+X_3+X_5)$$

将 $\phi(X)$ 简化成积之和形式，再利用概率的加法定理（容斥原理）和乘法定理，就可

以求顶事件发生的概率。

【例 4-7】 在例 4-3 中，已知底事件发生的概率为
$$P(X_1) = P(X_2) = P(X_3) = 10^{-3}$$
$$P(X_4) = P(X_5) = 10^{-4}$$

求顶事件发生的概率 $P(T)$。

解：
$$P(T) = P(X_1X_2 + X_1X_3 + X_2X_3 + X_4X_5)$$
$$= P(X_1X_2) + P(X_1X_3) + P(X_2X_3) + P(X_4X_5) - P(X_1X_2X_3)$$
$$- P(X_1X_2X_3) - P(X_1X_2X_4X_5) - P(X_1X_2X_3) - P(X_1X_3X_4X_5)$$
$$- P(X_2X_3X_4X_5) + P(X_1X_2X_3) + P(X_1X_2X_3X_4X_5) + P(X_1X_2X_3X_4X_5) - P(X_1X_2X_3X_4X_5)$$
$$= P(X_1)P(X_2) + P(X_1)P(X_3) + P(X_2)P(X_3) + P(X_4)P(X_5)$$
$$- 2P(X_1)P(X_2)P(X_3) - P(X_1)P(X_2)P(X_4)P(X_5) + 2P(X_1)P(X_2)P(X_3)P(X_4)P(X_5)$$
$$= 3 \times 10^{-6} + 10^{-8} - 2 \times 10^{-9} - 3 \times 10^{-14} + 2 \times 10^{-17}$$
$$= 3 \times 10^{-6} + 10^{-8}$$
$$= 3.01 \times 10^{-6}$$

2. 定量重要度

定量重要度定量给出某一特定最小割集或特定事件故障而引起顶事件发生概率的百分数。显然，减小定量重要度的最小割集和底事件的故障概率，可以更有效地减小顶事件的发生概率。

用概率乘法定理求出第 i 个最小割集故障发生的概率 Q_i，则第 i 个最小割集重要度为

$$E_i = \frac{Q_i}{Q_S}$$

式中：Q_S 为顶事件的发生概率。而第 k 个底事件重要度为

$$e_k = \frac{\sum_i Q_i}{Q_S}$$

其中求和是对所有含第 k 个底事件的最小割集的故障概率求和。

在实际工程中，除了前面所述的重要度之外，还有经常用到 Birnbaum 重要度、关键重要度、FV 重要度等，有关这些重要度的详细定义及适用场合可以参见相关资料。

4.3.7 FMECA 与 FTA 综合分析

FMECA 与 FTA 都是处理装备（或系统）故障的原因与结果之间关系的。FMECA 从分析故障因果关系的"底部"开始直到"顶部"事件，是由因到果、自下而上地进行分析，属于单因素故障分析法；FTA 则是由果到因、自上而下地进行分析，属于多因素故障分析法。FTA 能够克服这些不足，与 FMECA 相结合，能够较完善地进行系统的故障分析。工程实践中，综合应用两者长处，产生了 FMECA 与 FTA 的综合分析法，只有

认真完成了 FMECA，将所有基本的故障模式都分析清楚之后，进行 FTA 分析时，才不会出现重大遗漏。

综合分析的基本步骤如图 4-13 所示，图中所列步骤可以根据不同的分析对象进行增减。

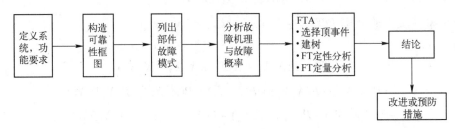

图 4-13　FMECA 与 FTA 综合分析的基本步骤

4.4　事件树分析（ETA）

4.4.1　概述

事件树分析，简记为 ETA（event tree analysis），与 FMECA 的做法基本相同，即主要都是分析故障后的影响和结果，即"从尾到头"或"从下到上"的分析，它是 FMEA 的一种补充。其主要区别是：FMECA 是重点分析单因素的影响，而 ETA 适用于几种因素同时起作用，且有时序关系的复杂系统。在分析美国商用核电站事故的风险评价中，ETA 发挥了极大的优势。

事件树方法是一种逻辑归纳法，它在给定的一个初因事件的前提下，分析此初因事件可能导致的各种事件序列的结果，从而可以评价系统的可靠性与安全性。由于事件序列用图形表示，并且成树状，故得名事件树。事件树分析可用于描述系统中可能发生的事件序列，在分析复杂系统的重大故障和事故时，是一种有效的方法。这种方法尤其适用于具有冗余设计、故障监测与保护设计的复杂系统的安全性和可靠性分析，在这些系统中设备的投入使用具有明显的次序性。同时，对于人为失误引起的系统故障，ETA 也是一种较好的分析方法。

事件树中主要包括以下 3 类事件：

（1）初因事件（也称为始发事件）——可能引发系统安全性后果的系统内部的故障或外部的事件。

（2）后续事件——在初因事件发生后，可能相继发生的其他事件，这些事件可能是系统功能设计中所决定的某些备用设施或安全保证设施的启用，也可能是系统外部正常或非正常事件的发生。后续事件一般是按一定顺序发生的。

（3）后果事件——由于初因事件和后续事件的发生或不发生所构成的不同结果。

事件树的初因事件可能来自系统的内部失效或外部的非正常事件。在初因事件发生后相继发生的后续事件（如安全保护系统的投入）一般是由系统的设计或事件的发展进程所决定的,如果对于特定的初因事件,有 n 个后续事件,且每一个后续事件只有发生或不发生两种状态,则其可能的后果事件数为 2^n 个,这样的事件树又称为完全事件树。

4.4.2 ETA 的基本步骤

(1) 分析事故发展的过程,定义系统。这一步是 ETA 的基础,通过现场分析、调查研究,了解事故的全过程,进而初步确定事故有关的分系统及其故障模式,并绘制出事故发展过程的示意图。

(2) 分析事故序列的各种环节。从事故的初因事件造成不良后果的各种限制设施(环节)的状态(正常或故障)得出事故序列数 2^n(n 为限制设施数),并规定各环节的代号。在规定代号时,尽量能描述事故的详细过程。

(3) 建造事件树 (ET)。根据初因事件和所分析得到的各环节情况(正常或故障状态)、事故发展过程建造出事件树,进而结合故障过程找出事故的序列,并尽可能证实事故序列的正确性。

(4) 改进措施。针对事故序列的各种环节,从设计、工艺、生产、使用、人的因素等方面拟定改进或预防措施。

(5) 对事故改进前后概率进行计算。为进行定量分析,应对事故发生的概率进行估算,估算中最难的是对各环节的有关参数的大小如何确定,其办法可以通过试验、统计、分析得到。计算时最好对事故改进前后发生的概率都进行计算,以便于比较其收益。

4.4.3 ETA 的实例——三哩岛事故分析

1. 事故经过

三哩岛核电站(简称 TMI)是美国较为有名的商用核电站,属 BAW 公司,该站 1978 年 12 月 31 日投入运行,事故发生在 1979 年 3 月 28 日,简单经过如下(参照图 4-14):

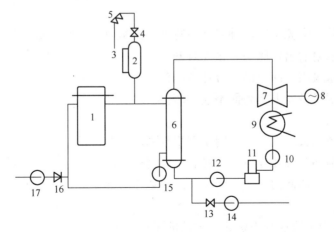

1—反应堆堆芯及压力容器;2—稳压器;3—稳压器水位计;4—截止阀;5—泄压阀;6—蒸汽发生器;7—汽轮机;8—发电机;9—冷凝器;10—冷凝器循环泵;11—除氧器;12—主给水泵;13—事故给水泵出口阀;14—事故给水泵;15—一回路循环泵;16—高压紧急注入泵回路出口阀;17—高压紧急注入泵。

图 4-14 三哩岛核电站简化系统图

（1）事故是由一个很小的初因事件引起的，这就是电站的二回路冷凝器循环泵（复水泵）发生故障而停转。

（2）接着主给水泵按设计要求也随之停泵。

（3）原设计要求此时"事故给水泵"要自动打开，当时此泵的确起动，但事故给水泵的出口阀门在此一周前因检修而忘记打开，又加上控制台上的信号灯恰好被一个标牌所遮蔽，使得操作人员未看见信号灯，而误认为事故给水泵的水已流进蒸汽发生器。这样，蒸汽发生器二次侧水很快被蒸干，造成一回路不能被冷却，进而使反应堆出口温度高达300℃以上。

（4）反应堆得不到冷却，平均温度升高，压力提高。

（5）造成稳压器压力增加，进而泄压阀自动打开，接着反应堆也因压力增高而自动停堆；同时按设计上要求，压力下降时，泄压阀本应关闭，但泄压阀因机械原因卡住而不能回座，造成长达2h45min的小破口失水事故。又由于运行人员平日未接受小破口失水事故的训练，为稳压器的高水位假象所蒙蔽，将高压紧急注入泵的流量人为地限制到1/10，并将一回路循环泵（主泵）关闭，使冷却能力进一步恶化。

（6）终使反应堆堆芯严重损伤，再加之安全壳未能与外界隔离，使得放射性物质外泄而进入大气环境，酿成轰动全球的三哩岛事故。

在TMI事故发生之前，在BAW公司的另一座反应堆（简称DB）上曾经发生过一起极其相近的事故，不同者，是运行人员发现泄压阀未能回座较早，在事故发生20min后就采取手动关闭泄压阀前的截止阀，终止了小失水事故，未能造成堆芯损伤，故这次事故不为大家关注。

造成TMI事故的原因是多方面的，既有人为因素、又有设计的缺陷，诸如：

（1）运行人员未经过严格技术训练。比如操作员被稳压器上的高水位假象所蒙蔽，错将高压紧急注入泵的流量人为地限制到1/10，并将一回路循环关闭致使受热加剧，堆芯受到严重损伤。

（2）反应堆的安全壳未能与外界环境隔绝，造成堆芯受损时放射性物质进入环境。

（3）事故给水泵的出口阀门未预先打开。

（4）事故给水泵出口阀门的信号灯被挡住。

（5）泄压阀因机械原因卡死而不能回座。

2．事件树分析

事件树有一个题头，题头上注明初因事件和环节事件的符号，初因事件取事件最初的发生状态，其他环节事件究竟取一种状态还是两种状态，这由前一环节事件对后一环节事件的影响决定，如此由一个初因出发，可以沿许多不同的途径发展而形成若干个不同的事件序列。

图4-15所示为由给水丧失引起的事故的事件树。

由图4-15可知，对初因事件T，存在着7种限制环节（设施），每种环节只能取两种状态（如是或否，需要或不需要等），则该初因事件造成事故序列数应有2^7=128个，但由于相互间的相依性，其事故的序列数实际上只有16个。

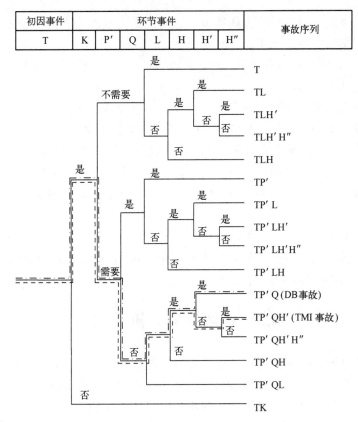

T—给水丧失过渡过程；K—停堆保护系统；P'—稳压器安全阀需不需要动作；
Q—上述阀开启后能否回座；L—二回路冷却能力是否及时恢复；H—紧急冷却系统是否投入；
H'—紧急冷却系统投入后机能是否维持；H"—到达堆芯熔化前，上述机能是否恢复。

图 4-15 TMI 给水丧失初因事件的事件树

图 4-15 中，T、TP'序列不会造成任何放射性外漏的后果。以 Q 为终了的序列是不会造成堆芯损伤的一次小失水事故（如"-·-"所示的 DB 事故，属于 TP'Q 序列，虽与三哩岛事件差不多，但未造成堆芯损伤，也就不为人所注意）。以 H'为终了的序列会造成堆芯损伤（如"----"所示的三哩岛事故，属 TP'QH'序列，它和 DB 事故的 TP'Q 序列相比多了一个机能失效即 H' "否"，后果就严重得多）。以 H、H"和 K 为终了的序列都造成堆芯熔化，QL 同时存在的序列也造成堆芯熔化。

三哩岛事故后，专家们用事件树、故障树方法对事故做了分析加上其他传统的分析方法，建议有关方面对 BAW 反应堆作两点代价很小的改进：①增加二回路涡轮解列和反应堆停堆的联锁；②将 BAW 型堆的泄压阀开启整定值提高。有关方面经研究后，认为建议很必要又切实可行，于是接受建议，并在堆上实施。从此以后，再未发生过 TMI型或 DB 型的事故。

4.4.4 FTA 与 ETA 综合分析

ETA 法对于一切能限制初因事件后果的复杂系统而言，是一项很有用的可靠性分析方法，可以预见事故，可以寻找薄弱环节，进而提出有效的改进措施，并有助于处理共同模式失效，值得加以推广应用。

同 FMECA 与 FTA 相结合分析一样，FTA 与 ETA 相结合进行分析，也将取得更好的效果。分析的基本步骤如下：

（1）列出与系统发生故障（顶事件）有关的分系统或部件的主要故障模式。

（2）对有关分系统或部件的故障建 FT，进而求得其概率。

（3）分析发生故障的基本原因和过程，从而找出初因事件，建 ET。每个事故序列发生的概率等于该序列各环节的条件概率的乘积，而每个环节的条件概率由故障树分析法得到。所以将事件树（ET）与故障树（FT）分析结合起来，就能定出各种事故序列发生的概率。

（4）对各种故障后果进行分析、计算。

核行业中目前广泛开展的概率安全评价（probability safety assessment，PSA）就普遍采用了 FTA 与 ETA 相结合的建模方法。

4.5 其他故障分析方法

前面介绍的几种故障分析方法主要是针对系统层次的故障分析。在实际工作中，单元层次（如一些零部件、设备）的故障分析也十分重要，与系统层次的故障分析不同，单元层次的故障分析更侧重于机理性的分析与研究。下面简要介绍两种在舰船核动力装置中应用较多的故障分析方法。

4.5.1 耐久性分析

耐久性分析的目的是发现可能过早发生损耗的零部件，确定故障的根本原因和可能采取的纠正措施。

耐久性分析传统上适用于机械产品，也可用于机电和电子产品。耐久性分析的重点是尽早识别和解决与过早耗损故障有关的设计问题。它通过分析产品的耗损特性还可以估算产品的寿命，确定产品在超过规定寿命后继续使用的可能性，为制定维修策略和产品改进计划提供有效的依据。耐久性通常用耗损故障前的时间来度量，而可靠性常用平均寿命和故障率来度量。

耐久性分析是用以确定产品在预期的寿命内能否保持足够的机械强度，根据分析过程获得的使用寿命估计值评价产品可靠性的方法，是识别呈现"早期"磨损失效的零部件和过程设计，隔离根本原因，从而确定可以采取的纠正措施。

耐久性分析的基本程序如下：

（1）确定工作与非工作寿命要求。

（2）确定寿命剖面，包括温度、湿度、振动和其他环境因素，量化载荷和环境应力，确定运行比。

（3）识别材料特性。

（4）确定可能发生的故障部位。

（5）确定在所预期的时间内是否发生故障。
（6）计算零部件或产品的寿命。

在舰船核动力装置中，有大量具有耗损特性的故障，这些故障通常具有累积损伤的故障特点，一般是属于渐变故障范畴。如主泵推力轴承的寿命、密封面的泄漏、阀门的启闭次数等问题都可以采用耐久性分析方法进行分析。

4.5.2 失效物理分析

传统的基于数理统计的可靠性评价方法存在数据更新滞后、针对性不强、统计模型有争议、评价结果不确定性大等问题，目前，可靠性领域提出一种新型的基于失效机理、失效模式和失效应力的根本原因分析的可靠性评估技术，这就是失效物理分析方法。该方法已被证明对预防、检测和校正与产品设计、制造、运行相关的失效是非常有效的。

失效物理是由基本的机械、电子、热和化学过程决定的，通过了解可能发生的失效机理，可以发现潜在技术问题，并予以解决。想要明确失效机理，首先需要明确产品的温度、湿度、振动、冲击和其他可能的应力条件，接下来结合现有的有关所选材料和结构对应力的响应知识，进行应力分析，从而确定可能的失效位置、失效模式和失效机理，一旦明确了失效机理，就可以使用特定的失效机理模型对产品进行可靠性评估，评估包括计算每种潜在失效机理的失效时间，然后选定最早发生的失效机理的失效时间来判断产品是否可以达到预期的寿命。

失效物理方法研究的核心是失效机理，按失效的发生特点，失效机理可以分为耗损失效和过应力失效。耗损失效是指对器件或材料的损伤累积超过了其忍受极限而导致器件发生失效，耗损失效引起的设备失效可以通过可靠性评价预测其寿命。过应力失效是指由于应力大于器件的强度，也就是说器件承受的应力在某一时刻超过其忍受的极限而导致产品发生失效。按照引起器件失效的应力类型，主要可以分为机械、电子、热、化学和辐射等类型。表 4-9 给出了常见的失效机理类型。

表 4-9 常见失效机理类型

耗损型/过应力型	失效诱发应力类型	包含失效机理举例
损耗型	机械	疲劳、蠕变、磨损
	热	应力引起的扩散孔隙（SDDV）
	电	电子迁移、热电子注入、TDDB、表面电荷扩散
	辐射	辐射损伤、氧化物中电荷俘获
	化学	腐蚀、金属间生长
过应力型	机械	过弹性变形、屈服、断裂
	热	玻璃相变
	电	EOS、ESD、闩锁效应、绝缘层击穿
	辐射	单粒子偏转、单粒子烧毁
	化学	离子污染

基于失效物理的可靠性分析方法十分适用于查找产品的薄弱环节，并进行定向改善，

但目前在工程应用和推广中也存在一些问题：

（1）失效物理分析须结合具体结构，利用深入的专业领域知识进行分析，通常还要依赖专门的分析计算程序等，操作一般比较复杂、成本高。

（2）失效物理分析方法一般只针对零部件或设备级的分析，不适用于系统级的失效分析。

（3）无法描述缺陷驱动的失效，在产品本身缺陷较多的情况下，其实际故障前时间可能会明显短于采用失效物理分析法得到的时间值。

（4）大量失效物理模型的有效性难以得到充分验证。

对于舰船核动力装置来说，由于每条舰船运行的环境、使用频度、操作习惯等方面的差异，仅依靠统计方法分析故障难度较大，对具体设备的运行维护很难提出科学建议。失效物理分析方法能够较好地综合机械、热、辐射、化学等因素的共同作用，在运行与环境等基础数据较充分的情况下，有望对某一个或某一类设备的失效进行比较深入的分析，得到比较准确的可靠性水平或寿命值。目前，舰船核动力可靠性领域正在积极利用流–固–热耦合的技术进行相关的研究与分析工作。

本 章 小 结

本章首先给出了故障及分类、故障模式、故障机理等概念；然后重点介绍了 FMECA、FTA 和 ETA 等常用的故障分析方法；最后简单介绍了用于单元故障分析的两种方法。

习 题

1. 故障、故障模式、故障机理的定义是什么？
2. 描述故障模式、影响及危害性分析的基本流程和适用场合。
3. 描述故障树的基本组成要素以及建立故障树的基本流程。
4. 请画出与下图等价的故障树模型，求出最小割集和结构函数。

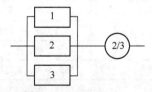

5. 某故障树的最小割集为：$\{E, D\}$，$\{A, B, E\}$，$\{B, C, D\}$，$\{A, B, C\}$。已知 $R_A=R_C=0.8$，$R_D=R_E=0.7$，$R_B=0.64$。试求顶事件发生的概率。
6. 事件树一般由哪几个要素组成？
7. 以舰艇核动力装置小破口失水事故为例，建立一棵简单的事件树模型。
8. 以舰艇核动力装置的余热排出系统为例，建立其故障树模型，并求出最小割集。

第 5 章 维修性、测试性与保障性

军用装备的可用性（有时也称为广义可靠性）不仅取决于产品可靠性水平的高低，还受到维修性、测试性与保障性等通用质量特性影响。在装备设计与使用过程中，可靠性与维修性、测试性和保障性之间也有着不可分割的密切联系。因此，要理解把握并在实际工作中保持或恢复使用可靠性，必须要综合考虑可靠性、维修性、测试性、保障性等多方面因素。

5.1 概　　述

人们在日常生活中购买商品时通常希望"物美价廉"，"价廉"通常就是指价格实惠；"物美"则是希望产品质量好，尽量不发生或少发生故障，在发生故障后很快能修好且修理费用低。对于军用装备，特别是舰船核动力这样的大型复杂装备，对产品质量的要求更高，也就是通常所说的可靠性、维修性、测试性、保障性等通用质量特性水平要高。

在实际工程中，我们认识到产品不可能完全可靠，许多产品随着使用、储存时间的延长，总会出现故障或失效。此时，如果能通过维修，迅速而经济地恢复产品的性能，同样可以提高产品的可用性。而能否迅速、经济地恢复，则主要取决于产品的维修性。可见，维修性是产品可靠性的必要补充。另外，对于军用装备这种大型装备，还要进行预防性维修，这同样也有是否迅速、经济的问题。从提高产品可用度的角度看，可靠性的目的是延长产品的工作时间；维修性的目的则是缩短维修造成的产品不能工作的时间。

维修性问题最初也是从军用电子设备开始的。在 20 世纪 50 年代，随着军用电子设备复杂性的提高，武器装备的维修工作量大、费用高。美军在朝鲜战争中，军用电子设备的每年的维修费用为其成本的两倍。大约每 250 个电子管就需要一个维修人员，美国国防部每天要花费 2500 万美元用于各种武器装备的维修。因此，维修性问题引起了美国军方的重视，在 20 世纪 50 年代中后期，美军罗姆航空发展中心等部门开展了维修性设计研究，从设计上改造电子设备的维修性；到 20 世纪 60 年代，维修性发展成为一门独立的学科，与可靠性并驾齐驱。随着产品的复杂化而使维修保障费用不断上升，可用性不高，产品的维修性更加凸显出其重要性。

1975 年，F.Ligour 等提出了测试性的概念，并在诊断电路设计等领域得到应用，随后引起美英等国军方的重视。测试性最早是作为维修性的一个组成部分。产品的技术状态是否满足规定的要求必须经过测试，产品发生故障与否也必须经过测试，测试快慢和测试的准确性直接影响产品的维修效率。这便是测试性最早是维修性的组成部分的原因。但随着产品复杂程度的日益增加，能否快速准确地进行测试和故障定位与隔离的问题日益突出，因此，测试性也逐渐发展成为一门独立学科。进入21世纪后，随着故障预测与健康管理（PHM）技术的快速发展，测试性技术在产品设计与使用中的地位更加突出。

20世纪70年代，随着现代武器装备复杂性的增长，出现了使用和保障费用高、战备完好性差等严重问题，保障性逐渐引起各国军方和工业界的普遍注意。保障性包括对装备进行保障性设计和规划保障资源两个主要方面。它首先要通过与装备保障有关的特性设计得以具备，同时要通过保障系统有计划地提供保障资源、开展保障活动得以实现。可以说，保障性是确保维修保障等工作开展的重要基础。

5.2 维 修 性

5.2.1 维修与维修性的基本概念

维修是产品发生故障后为保持或恢复到产品规定状态所进行的全部活动；而维修性是一种设计特性，是产品的一种固有质量特性，它是由设计赋予的使其维修简便、快速和经济的固有特性。因此，维修与维修性的内涵是不一样的。

维修性的定义是指产品在规定的条件下和规定的时间内，按规定的程序和方法进行维修时，保持或恢复到规定状态的能力。维修性的概率度量也称为维修度。维修性关注的焦点是尽量减少维修人力、时间和费用。维修性也可以说是在规定的约束条件（维修条件、时间、程序和方法）下能够完成维修的可能性。这里，规定条件主要是指维修的场所及相应的人员、设备、设施、工具、备件、技术资料等资源。规定的程序和方法是指按技术条件规定采用的维修工作类型、步骤、方法等。显然，能否完成维修与规定的维修时间有关。规定的维修时间越长，完成维修任务的可能性就越大。

维修性工程是指为了达到产品维修性要求所进行的一系列维修性论证、设计、研制、生产和试验等技术工作，以及对这些工作所进行的监督与控制等管理活动。当然，维修性工程活动还包括产品在使用过程中的维修性数据收集、处理和反馈工作等内容。但维修性工作的重点是产品的研制开发过程，在于产品的设计、分析和验证。

5.2.2 维修的分类、分级与修理策略

为了更好地开展维修性相关讨论，有必要先对维修的相关知识进行简单的介绍，主要包括维修的分类、分级与修理策略。

1. 维修的分类

从不同的角度出发，维修有不同的分类方法。最常用的是按照维修的目的与时机分类，可以划分如下：

（1）预防性维修。预防性维修（preventive maintenance）是在发生故障之前，使装备保持在规定状态所进行的各种维修活动。它一般包括擦拭、润滑、调整、检查、定期拆修和定期更换等。这些活动的目的是发现并消除潜在故障，或避免故障的严重后果防患于未然。它通常适用于故障后果危及安全和任务完成或导致较大经济损失的情况。通

常可分为定期维修和视情维修两大类。

（2）修复性维修。修复性维修（corrective maintenance）也称修理（repair）或排除故障维修。它是装备（或其部分）发生故障或遭到损失后，使其恢复到规定技术状态所进行的维修活动。它可以包括下述一个或全部活动：故障定位、故障隔离、分解、更换、再装、调校、检验以及修复损坏件等。

（3）战损抢修。又称战场损伤评估与修复（battlefield damage assessment and repair，BDAR）。是指当装备战斗中遭受损伤或发生故障后，采用快速诊断与应急修复技术恢复、部分恢复必要功能或自救能力所进行的战场修理。它虽然也是修复性的，但环境条件、时机、要求和所采取的技术措施与一般修复性维修不同。

（4）改进性维修。改进性维修（modification or improvement），是利用完成装备维修任务的时机，对装备进行经过批准的改进和改装，以提高装备的战术性能、可靠性或维修性，或使之适合某一特殊用途。它是维修工作的扩展，实质是修改装备的设计。结合维修进行改进，一般属于基地级维修的职责范围。

维修还有其他分类方法，例如按维修对象是否撤离现场，可分为现场维修与后送维修；按是否有预先计划安排，分为计划维修和非计划维修等。

2. 维修级别的划分

维修级别是指按装备维修时所处场所而划分的等级，通常是指进行维修工作的各级组织机构。划分维修级别的主要目的和作用：一是合理区分维修任务，科学组织维修；二是合理配置维修资源，提高其使用效益；三是合理设置维修机构，提高保障效益。

维修级别对不同国家及军兵种有所不同，也处在不断的发展变化之中。目前，我军常采用3级维修，分别为基层级、中继级和基地级。

（1）基层级维修。基层级维修也称为分队级维修，一般是由装备使用分队在使用现场或装备所在的基层维修单位实施维修。由于受维修资源及时间的限制，基层级维修通常只限于装备的定期保养、判断并确定故障、拆卸更换某些零部件等。

（2）中继级维修。中继级维修一般是指基层级的上级维修单位及其派出的维修分队，它相较基层级有较高的维修能力，能承担基层级所不能完成的维修工作。

（3）基地级维修。基地级维修拥有最强的维修能力，能够执行修理故障状态所必要的任何工作，包括对装备的改进性维修。一般由专门的修理工厂或装备制造厂实施。

3. 修理策略

修理策略是指装备故障或损坏后如何修理，它规定了某种装备预定完成修理的深度和方法，它不仅影响装备的设计，也影响维修保障系统的规划和建立。一般可分为：不修复、局部可修复和全部可修复。

（1）不修复的产品。不修复的产品是指不能通过维修恢复其规定功能或不值得修复的产品，即故障后即予以报废的产品，其结构一般是模块化的，且更换费用较低。

（2）局部可修复的产品。产品发生故障后，其中某些单元的故障可在某维修级别予以修复，而另外一些单元故障后则不修复予以更换。

（3）全部可修复的产品。是指所有单元均可修复的情况。

5.2.3 维修性的描述与要求

1. 维修性的参数与分布类型

由于维修性水平反映在维修时间上,而维修时间是一个随机变量,因而维修性的定量描述是以维修时间的概率分布为基础的,这就要用维修性函数来确定或定义产品维修性的各种不同的参数。主要有维修度、维修时间的概率密度函数、修复率等。它们的定义与可靠度相关参数是类似的,具体定义可参见 2.3.4 节。

由于实际的维修时间是一个随机变量,它往往可以用一定的分布形式进行描述,主要的分布类型有:指数分布、对数分布和正态分布。

对于产品故障简单、单一的维修活动或基本维修作业的维修时间比较固定,一般是在一个散布中心附近对称分布,时间特长与特短的较少,其分布规律一般符合正态分布,比较典型的例子如拆卸或替换某个零部件。

指数分布表示维修率为常数,一般适用于大系统中的维修任务,大系统的维修率一般是恒定的。完成维修的时间与以前的维修经历无关,如经短时间调整或迅速换件即可修复的产品适用于指数分布。

对数正态分布适用于复杂产品和系统的维修时间分布,大多数维修性工程手册就是运用对数分布来进行维修性论述的。这是因为一些维修工作可能会由于其他问题的发现,导致工作的完成需要比预期更长的时间,同时工作也会因不同的修理者而带来维修时间的差异。对数正态分布适用于描述各种复杂系统的维修时间。

2. 维修性的定性与定量要求

维修性要求一般分为定性要求和定量要求两部分。维修性的定性要求是满足定量要求的重要基础,而定量要求又是通过定性特点在保障条件的约束下实现的。定性要求应转化为维修性设计准则,定量要求应明确选用的维修性参数和确定维修性指标。

1)维修性的定性要求

一般包括:良好的可达性、提高标准化和互换性程度、具有完善的防差错措施及识别标识、保证维修安全、良好的测试性、符合维修的人因工程要求等。

2)维修性的定量要求

维修性的定量要求可以用多个不同的维修性指标来表示,常用的有平均修复时间、最大修复时间、修理时间中值、预防性维修时间等。

5.2.4 维修性的设计分析与试验评定

1. 维修性设计与分析

产品可靠性首先是设计出来的。同样,产品的维修性也是设计出来的。维修性设计是将维修性要求落实到产品设计中的一个过程,其任务是从各项维修性指标出发,通过采取一系列有效的设计措施,确保最终设计的产品设计状态满足产品维修性的要求,即产品发生故障后能以最短的维修时间、最少的维修工时与费用,并消耗最少的资源,使产品恢复到规定的技术状况。

对产品进行维修性分析的目的,一是对产品开发过程的不同阶段进行推测,以评价产品设计是否能满足规定的维修性定量要求,并为比较和优选产品的维修性设计方案提供依据;二是发现和确定产品在维修性设计方面存在的薄弱环节,并提出预防和改进维修性的措施;三是通过分析确定维修所需要的关键保障资源,为保障性决策提供依据。

产品维修性分析的结果是进行维修性设计的重要依据,但它不能直接影响产品的维修性。要提高产品的维修性并满足规定的维修性定量要求,必须通过维修性设计,即从设计上采取预防和改进影响维修性的薄弱环节,尽量减少维修时间才能实现。

维修性设计分析主要包括维修性分配、维修性预计、维修性分析、制定和实施维修性设计准则等工作。

2. 维修性试验与评定

维修性试验与评定是产品开发、生产乃至使用阶段维修性工程的重要活动。其目的是:考核产品的维修性,确定其是否满足规定要求;发现和鉴别有关维修性的设计缺陷,以便采取纠正措施,实现维修性增长。此外,在维修性试验与评定的同时,还可以对有关维修的各种保障要素(如维修计划、备件、工具、设备、资料等资源)进行评价。维修性试验与评定主要包括维修性核查、维修性验证、维修性评价三方面内容。

5.3 测 试 性

5.3.1 测试与测试性的基本概念

测试(test)是一个非常广义的概念,笼统地说,凡是对产品进行的检查、测量、试验都可以称为测试。在产品研制、生产、使用(含储存)、维修乃至退役过程都有测试。例如,在研制和生产过程中,经常要对零部件、组件乃至成品的性能或几何、物理参数等进行检查、测量,以确定它们是否符合规定要求。在使用过程中,对装备要定期进行检查和测试,以便确定其状态,判断其是否可完成规定的功能,即发现故障存在的过程,称故障检测。如有工作不正常迹象,就要进一步找出发生故障的部位即隔离故障,以便排除故障恢复装备良好状态。故障检测与隔离合称为故障诊断。测试的目的也是多种多样的,例如,调试与校准,验证与评价,检测与隔离故障(以上3种在研制、生产、使用、维修中都有),产品验收,装备质量监控等。就装备使用与保障以及可靠性维修性的范畴来说,重点是要通过测试掌握产品的状态并隔离故障。这种确定产品状态(可工作、不可工作或性能下降)并隔离其内部故障的活动就是产品的测试。

测试性(testability)是指能及时准确地确定产品(系统、子系统、设备或组件)状态(可工作、不可工作、性能下降)和隔离其内部故障的一种设计特性。

随着科学技术的发展,武器装备和大量民用产品的功能越来越多样化,复杂程度日益增加,掌握其技术状态、检测与隔离故障越来越困难。许多重要的系统和设备一旦发生故障,在维修中用于故障检测与隔离的时间往往占其排除故障总时间的 35%~60%。如果用于故障的检测与隔离时间长,那么维修时间就长,产品的可用性也低。

产品一旦研制开发出来,检测与隔离故障的时间即固定。因此,要提高测试的效率，减少检测与隔离故障的时间，就只能在产品设计的时候，把减少检测与隔离故障时间作为一个要求。通过采取各种设计措施，将要求设计到产品中，这就是测试性提出的背景。

由此可见，测试与测试性的内涵是不一样的。测试性是产品质量的一种固有特性，是由设计决定的，而测试是一种通过检查、测量产品是否在正常工作或性能退化的一种活动。测试性好的产品，其测试时间就短。

测试性好的产品主要表现如下：

（1）自检功能强。系统本身具有专用或兼用的自检硬件和软件，能自动检测产品工作状况，可检测与隔离故障且检测率、隔离率高，可以故障指示与报警且虚警率低。

（2）测试方便。具有良好的人机接口，方便使用维修人员检查与测试，可自动记录、存储及查询故障信息，故障显示清晰明确且易于理解，可按需检查系统各部分并隔离故障。

（3）便于使用外部测试设备进行检查测试。装备上有足够的测试点和检查通路，与自动测试设备（ATE）或通用仪器接口简单、兼容性好，专用测试设备少等。

总的来说，就是使装备便于测试和（或）其本身能完成某些测试功能。提高装备测试性，主要是进行固有测试性设计和提高机内测试能力。其中，固有测试性是指仅依赖于硬件设计而不依赖于测试激励和响应数据的测试性度量，它是仅从装备硬件设计上考虑便于用内部和外部测试设备检测和隔离装备故障的特性。机内测试是指任务系统或设备本身为故障检测、隔离或诊断提供的自动测试能力；它是通过在装备内部专门设置测试硬件和软件，或利用部分任务功能部件来检测和隔离故障、监测系统本身状况，使得装备自身能确定是否在正常工作，确定什么部位发生了故障。

5.3.2 测试性的定性、定量要求

测试性要求可分为定性要求和定量要求。

1. 定性要求

测试性的定性要求是：应在尽可能少地增加硬件和软件的基础上，以最少的费用使产品获得所需的测试能力，以实现检测诊断简单、迅速、准确。主要要求如下：

（1）合理划分产品的单元。根据不同维修级别的要求，把产品划分为易于检测和更换的单元。如现场可更换单元（LRU）、维修车间可更换单元（SRU）。

（2）合理设置测试点。根据不同维修级别的维修需要，在产品内外设置必要且充分的测试点。

（3）合理选择测试的方式和方法。根据产品功能、结构和使用、维修需要，在与费用权衡基础上，正确确定测试方案，选择自动、半自动、人工测试，机内、机外测试设备等，使产品各种测试有最好的配合。

（4）兼容性。在满足测试能力要求的前提下，尽可能选用标准化的、通用的测试设备和附件，优先选用相似产品的测试设备。

2. 定量要求

测试性的定量要求通常用以下 3 个参数的要求值加以规定。这 3 个参数是：故障检

测率、故障隔离率和虚警率。

（1）故障检测率 r_{FD}。产品在规定的期间内、在规定的条件下、用规定的方法能够正确检测出的故障数（N_D）与所发生的故障总数（N_T）之比，用百分数表示。

$$r_{FD} = N_D / N_T \times 100\% \tag{5-1}$$

"产品"即被检测的项目，它可以是系统、设备或更低产品层次。"规定的期间"是统计的时间应足够长。"规定的条件"是指进行检测的维修级别、人员等条件及时机。"规定的方法"是指测试的方法、手段等。

（2）故障隔离率 r_{FI}。用规定的方法将检测到的故障正确隔离到不大于规定模糊度的故障数与检测到的故障数之比，用百分数表示。

$$r_{FI} = N_L / N_D \times 100\% \tag{5-2}$$

式中：N_L 为在规定条件下用规定的方法正确隔离到不大于规定模糊度的故障数；N_D 为在规定的条件下用规定的方法正确检测出的故障数。

（3）虚警率 r_{FA}。在规定的期间内发生的虚警数与同一期间内故障总数之比，用百分数表示。

$$r_{FA} = [N_{FA} / (N_F + N_{FA})] \times 100\% \tag{5-3}$$

式中：N_{FA} 为虚警次数；N_F 为真实故障总次数。

5.3.3 测试性的设计分析与验证评价

1. 测试性设计分析

测试性设计与分析是产品获得充分测试特性并达到测试性要求所进行的一系列技术活动。测试性设计是指利用经济、有效的设计技术和方法，使产品具有便于测试的特性、可以得到充分测试的设计过程。测试性分析是指通过预计、核查、仿真分析和评估等技术，确定应采取的测试性设计措施、评价产品可能达到的测试性水平所进行的工作。具体来说，产品的测试性设计分析主要包括确定测试方案、测试性分配与预计、测试性定性设计、测试点的选择与配置。

1）测试方案

产品在进行测试性设计时，首先要明确测试方案。测试方案要明确产品中哪些部件要测试，何时（连续或定期）、何地（现场或车间）测试及其手段。其目的是合理应用各种测试手段以提供产品在各级维修所需的测试能力，并降低寿命周期费用。

（1）测试种类。测试方案的主要内容是选择产品在指定维修级别的测试种类，可以从不同角度出发，区分测试。

① 系统测试和分部测试。系统测试是将系统作为一个整体，向其输入一组激励，观察并记录其响应，以了解系统的技术状态。分部测试是对系统的组成部分进行测试，它常作为系统测试的补充，用以检测及隔离故障。

② 静态测试和动态测试。静态测试的输入信号是稳定、不变的。动态测试的输入信号是瞬态、变化的。动态测试更能真实全面地考察产品的性能状态。

③ 联机测试和脱机测试。被测部分安装在系统上并在其运行环境中进行的测试为联机测试,也可称为在线测试,反之为脱机测试。基层级一般为联机测试,车间级常用脱机测试。

(2) 测试设备种类。测试方案要确定各项测试的技术手段,主要是测试设备。

测试设备或手段通常有以下几种分类。

按操作使用方法,分为全自动、半自动和人工。显然,自动化程度越高,检测隔离故障的时间就越短,人力消耗就越少。但测试设备的费用会增加,且需要更多的保障,必须权衡。

按通用程度,可以分为专用测试设备和通用测试设备。专用测试设备是为某系统或其部分专门设计的,其使用简单方便且效率高,但使用范围窄。通用测试设备则相反,它有利于减轻保障的负担。选用时也必须权衡。

按与主产品的关联,一般可分为机内测试设备(BITE)和外部测试设备。机内测试设备不需要联机时间,有较高的测试效率,能对产品实施连续监控或周期性测试,启动时测试,它只能是专用的。外部测试设备则相反,它可以是专用的,也可以是通用的。

2) 测试性的分配与预计

为了把产品的测试性指标落实到产品的各层次,需要按一定准则将指标逐级分配到各可更换单元(LRU 和 SRU),作为产品设计的依据,这就是测试性分配。

测试性分配的指标一般是故障检测率 r_{FD} 和故障隔离率 r_{FI},而虚警率 r_{FA} 不作为分配的指标。故障检测隔离时间作为维修时间的一部分,通常在维修性分配中一并考虑。

根据设计方案或详细设计资料预测其是否能达到规定的指标要求,这个过程就是测试性预计。测试性预计的参数有故障检测率 r_{FD}、故障隔离率 r_{FI} 和故障检测隔离时间等。

3) 测试性的定性设计

硬件设计中的一般测试性考虑。例如,在设计产品时合理地划分功能和结构单元,最好每个功能划分在一个模块单元里,将结构单元划分为 LRU 和 SRU 或更小的组件,以便于在不同的场合进行故障检测与隔离。又如,应优先选用便于测试且故障模式已有充分描述的集成电路或组件。

被测对象与测试设备的兼容性。要尽可能利用现有的自动监测和外部测试设备。合理地选择与确定被测试对象的测试点的数量与位置,既要能满足故障检测、隔离的要求,又能迅速连接外部测试设备。

产品固有测试性设计与分析同维修性设计与分析密切相关,因此可以将两者结合进行。制定并实施产品测试性设计准则是提高测试性水平的重要途径。在产品研制开发时应根据测试性的要求,通过与相似产品的分析和比较,同时参考有关标准和手册,制定具体产品的测试性设计准则。设计人员根据设计准则的规定,把测试性综合设计到产品中。

4) 测试点的选择与配置

测试点是测量产品状态或特征量的位置。合理确定测试点,既可以缩短故障检测、

第 5 章 维修性、测试性与保障性

隔离的时间,又可以降低对测试设备的要求。

测试点选择与配置的一般原则如下:

(1)测试点选择应从系统到 SRU 和 LRU。测试点选配应尽量适应原位检测的需要。在产品的内部还应配备适当数量供维修使用的测试点。

(2)应在满足故障检测隔离要求的条件下,使测试点尽可能地少。当测试点的设置受限制时,应优先配置其故障会影响安全和任务成功的单元的测试点、故障率高的单元的测试点。就故障检测与隔离相比,应优先配置检测用测试点。

(3)测试点中要有作为测量信号参考基准的公共点(如设备的地线)。

(4)高电压、大电流的测试点应与低电平信号隔开,并符合安全要求。

(5)测试点布置要便于检测。尽可能集中或分区集中,且可达性要好。其排列要有利于进行逻辑的、顺序的测试。测试点切忌设置在易损坏的部位。

2. 测试性验证评价

测试性验证的目的是评价和鉴别测试性设计是否达到了规定要求并发现影响测试性的薄弱环节,以便进行设计改进。除了验证故障的检测隔离能力,还可以考评与测试有关的保障资源(如故障诊断手册、软件、程序等)的充分性。

测试性与维修性、可靠性及性能密切相关。测试性验证应尽可能与这些试验验证结合进行,以节省人力和物力。特别应强调的是,测试性与维修性的验证都要以故障引入为前提,测试与维修作业样本的确定与分配、故障模式的随机抽取、故障引入(模拟)方法是完全一致的,而且故障的检测与隔离时间都要计入维修时间,所以测试性与维修性的验证一定要结合进行。

3. 测试性设计与验证应注意的问题

为了做好测试性设计与验证工作,需注意以下问题:

(1)测试性设计与验证同整个产品的设计与验证要密切协调,千万不能把测试问题看成是"事后想起来的事情"。一定要与性能设计验证工作密切配合,在内容、计划、评审、数据收集等方面相互协调。由于测试性与维修性关系最为密切,因此更要特别注意两者的配合与协调。

(2)各级维修与各级测试要统筹安排。作为维修重要内容的测试,自然应该适应不同的维修级别的维修需要。要统筹安排各级维修级别的故障检测与诊断能力,综合应用测试手段,使之最好地配合,以使其能达到要求的测试能力且资源消耗最少。

(3)故障模式影响分析(FMEA)是测试性的基础。测试的目的是要及时发现故障,确定其部位,因此开展 FMEA 工作十分重要。通过 FMEA 可以了解产品可能的故障模式、原因、影响和发生的频率,这些信息都是开展测试性设计的重要依据。而开展 FMEA 工作又是可靠性设计的一项重要工作,因此测试性工作与可靠性工作也要密切配合。应由具体产品设计人员进行 FMEA,并根据测试方案提出建议的测试方法。

(4)测试性的增长。由于测试性受各种因素影响,很难在开始设计时得到全面准确的考虑,因此,测试性也需要有一个类似于可靠性、维修性增长的过程。测试性的增长和可靠性增长相似,都不是自然的,必须通过试验、分析和改进才能实现。

5.4 保 障 性

5.4.1 保障与保障性的基本概念

装备的使用与维修都需要保障，这就需要人、财、物力的支持，特别是人员训练，备件及原料、材料、油料等消耗品供应，仪器设备维修及补充，技术资料的准备及供应等要素。装备的使用与维修保障看起来是部署使用后的工作，但是，一种装备能否获得及时、经济和有效的保障，首先取决于其设计特性与资源要求。比如说，某种装备操作使用技术难度很大，故障多样且排除故障需要多种复杂的设备与设施，使用和维修所用的油料、器材品种规格多且特殊，那么，这种装备就难以获得良好的保障，保障部门及保障人员则难以实施有效的保障。所以，装备是否可保障、易保障，并能获得保障，是装备系统的一种固有特性——保障性。

保障性（supportability）是系统的设计特性和计划的保障资源满足平时战备完好和战时使用要求的能力。保障性的含义比较复杂，不同于一般的设计特性（如可靠性、维修性），主要表现在这一特性包括两个不同性质的内容，即设计特性和计划的保障资源。保障性中的设计特性是指与装备保障有关的设计特性，如可靠性、维修性、测试性等设计特性。从保障性角度看，良好的保障设计特性是使装备具有可保障的特征，或者说所设计的装备是可保障、易保障的。计划的保障资源是指为保证装备实现平时战备和战时使用要求所规划的人力、物质和信息资源。要使计划的保障资源达到上述目的，必须使保障资源与装备的可保障特性协调一致，并有适量的资源满足被保障对象——装备的任务需求。

为了完成保障任务，需要一个完善的保障系统。保障系统是使用与维修装备所需的所有保障资源及其管理的有机组合。保障系统可以看成一个由保障活动、保障资源和保障组织构成的相互联系的有机整体，它可用图 5-1 表示。根据保障活动的差别，保障系统可以分为使用保障方案、维修保障方案、供应保障方案、训练及训练保障方案等。

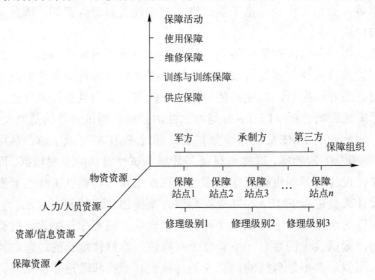

图 5-1　保障系统的三维视图

5.4.2 保障性的参数与要求

保障性参数与要求用以定性和定量描述装备的保障性。保障性的目标是多样的,难以用单一的参数来评价,同时某些保障资源参数很难用简单的术语进行表述。通常的做法是:通过对装备的使用任务进行分析,考虑现有装备保障方面存在的缺陷以及保障人力费用等约束条件,综合归纳为一整套保障性参数,有些参数还要采用与现装备对比的方式进行表述。

保障性参数与要求通常分为 3 类:

1. 保障性综合参数

这是描述保障性目标的参数。保障性目标是平时战备完好和战时的使用要求。通常可用战备完好性目标值(readiness objective)来衡量。对不同类型装备可采用不同的参数,如战备完好率 P_{or}、使用可用度 A_o、任务准备时间 T_R、保障费用参数等。

(1) 战备完好率 P_{or}。战备完好率是指当接到作战(使用)命令时装备能够按计划实施作战(使用)的概率。它同装备的可靠性、维修性及保障性有关。

(2) 使用可用度 A_o。使用可用度是使用最广泛的一个参数。在航空等装备中,也常用能执行任务率 P_{mc} 作为综合参数,它是指飞机(装备)在拥有的时间内至少能执行一项规定任务所占时间的百分比。

(3) 任务准备时间 T_R。装备由接到任务命令(或上次任务结束)进行任务准备所需要的时间。军用飞机常用再次出动准备时间(turn around time),即执行上次任务着陆后准备再次出动所需的时间。

(4) 保障费用参数。保障费用参数常用每工作小时的平均保障费用表示。

2. 有关保障性的设计参数

这是与保障有关的主装备设计参数,它也可以供确定保障资源时参考,如平均故障间隔时间($\bar{T}_{bf}$)、平均修复时间($\bar{M}_{ct}$)、维修工时率(每工作小时平均维修工时 M_{MH}/O_H)、每次维修活动平均维修工时(M_{MH}/M_A)、测试性参数(r_{FD}、r_{FE})以及运输性(transportability)要求(运输方式及限制)等。

3. 保障资源要求

保障资源要求的内容比较多,因装备实际保障要求而定,通常包括:人员数量与技术水平,保障设备和工具的类型、数量,备件品种和数量,订货和装运时间,补给时间和补给率,以及设施利用率等。

保障资源要求往往利用与某一现有装备系统对比的方式加以描述。表 5-1 为美国陆军 M1 坦克保障性的部分定性与定量要求,其中有些指标就是与前一代坦克 M60A1 相比较来表达的。

表 5-1 M1 坦克保障性要求和参数指标

要素	序号	保障性要求和参数	指标 M1	指标 M60A1
维修规划和维修性	1	计划维修间隔时间	半年一次	半年一次
	2	分队级（维修班或排）每 2400km 或半年计划维修时间、工时	16h 64 工时	62h 96 工时
	3	分队级（维修班或排）每 2400km 或半年非计划维修时间、工时（90%）	4h 8 工时	— 32 工时
	4	直接保障非计划维修时间、工时（90%）	12h 48 工时	0.9h 3.4 工时
	5	乘员每日检查和保养时间、工时	0.8h 3 工时	
	6	由操作手或修理班（排）检测和排除的一般故障的百分数	90%	
	7	维修时从坦克上拆下动力装置部件的要求	90%的发动机部件与动力装置可一同被取出	不能达到
工具	8	降低专用工具数量要求	133 种，其中 84 种为新设计的	214 种
	9	乘员维修均使用米制（供北约用）以求良好的互换性	米制	英制
资料	10	采用技术分析方式改进技术手册	51 种	
训练设备	11	研制专为士兵用的扩大训练功能的训练装置		功能少
	12	研制模拟训练器	用于射击、驾驶和维修	无
测试设备	13	在使用试验前提供为班或排及野战维修研制的自动测试设备（ATE）	3 种 ATE	
	14	机内测试设备（BITE）	大量采用	无
人员	15	人员专业与现役坦克部队使用维修专业应配合一致	W/M1	
	16	人员的特殊技能训练要求最低		
供应	17	尽可能减轻对标准编制的部队供应保障系统的负担		
运输	18	在现有的拖车上可以运输，并适应列车运输		可以

5.4.3 保障性的设计分析与验证评价

1. 保障性分析

保障性分析过程用于两个方面：一是提出有关保障性的设计因素；二是确定保障资源要求。前者是根据装备的任务需求确定战备完好性与保障性目标，进而提出并确定可靠性、维修性、测试性、运输性等有关保障性的设计要求以影响装备的设计，使研制的装备具有可保障的设计特性。后者是根据装备系统的战备完好性与保障性目标，确定保障要求和制定保障方案，进而制定保障计划和确定保障资源要求，确保建立经济有效的保障系统并使系统高效地运行。因此，保障性分析又可以细分为制定装备的保障性要求、制定和优化维修保障方案、确定和优化保障资源要求、评估装备的保障性、建立保障性分析数据库。

保障性分析是一个贯穿于装备寿命周期各个阶段并与装备研制进展相适应的反复有序的迭代分析过程。图 5-2 列出了装备寿命周期各阶段的保障性分析过程的目标及输出。

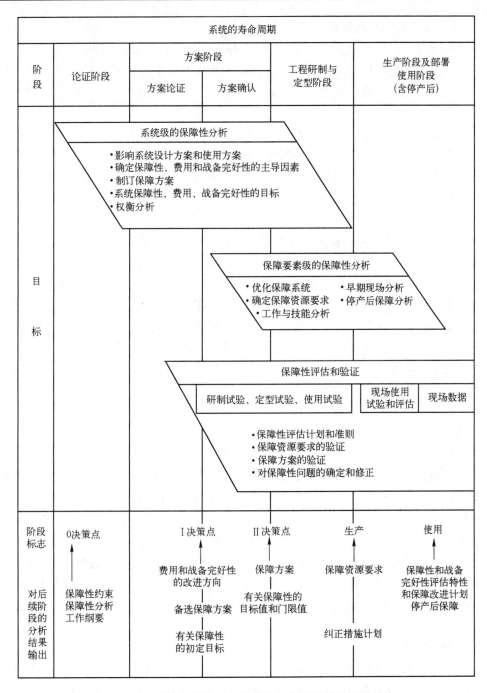

图 5-2 装备寿命周期各阶段的保障性分析过程的目标及输出

在装备研制的早期阶段，保障性分析的主要目标是通过设计接口影响装备保障特性的设计。这种用以影响设计的分析，由系统级开始按硬件层次由上而下顺序延伸；在后期阶段，通过详细的维修规划，自下而上地详细标识全部保障资源。此外，在寿命周期各个阶段还要进行保障性的验证与评价工作。

比较常用的保障性分析方法主要有 3 种：

1）以可靠性为中心的维修分析

以可靠性为中心的维修分析（reliability-centered maintenance analysis，RCMA），是按照以最少的维修保障资源消耗保持装备固有可靠性和安全性的原则，应用逻辑决断的方法确定装备预防性维修要求的过程，包括系统（设备）RCMA、结构 RCMA 和区域检查分析 3 项内容。

装备的预防性维修要求一般包括需要进行预防性维修的产品、预防性维修工作的类型及简要说明、预防性维修工作的间隔期和修理级别的建议。通过 RCMA 可以得到一份按照消耗资源、费用和实施难度、工作量大小、所需技术水平排序的清单，从而为保障性分析提供重要输入。

2）修理级别分析

修理级别分析（level-of-repair analysis，LORA）是在装备设计、研制阶段，根据装备修理的约定层次与修理级别的关系，分析确定装备中的产品（如设备、组件、零部件等）故障或损坏时是报废还是修理，如需要修理，应确定在哪一个修理级别机构（保障站点）中完成修理工作为最佳的过程。决定产品在哪一个修理级别机构修理，需要考虑非经济因素如修理工作的可行性、安全性、修理任务承担能力及机动作战等要求和经济性因素。修理级别分析主要是从经济性因素出发确定修理费用最低的修理级别。

修理级别分析作为保障性分析的重要方法，不仅直接确定了装备各组成部分的修理或报废地点，而且还为确定修理装备产品的各修理级别的机构所需配备的保障设备、备件储存、人员与技术水平及训练等要求提供信息。

3）使用与维修工作分析

使用与维修工作分析（operation and maintenance task analysis，OMTA）是保障性分析的重要组成部分。它是在装备研制过程中，将保障装备的使用与维修工作区分为各种工作类型和分解为作业步骤而进行的详细分析，以确定各项保障工作所需的资源要求，如工作频率、工作间隔、工作时间，需要的备件、保障设备、保障设施、技术手册，各修理级别所需的人员数量、维修工时及技能等要求。

OMTA 中包括确定与装备相匹配的保障资源要求，它是关系到装备交付部队使用时，能否及时、经济有效地建立保障系统，并以最低的费用与人力提供装备所需的保障，实现预期的保障性目标的重要工作。其分析的使用与维修工作包括使用工作、预防性维修工作、修复性维修工作和战损修理等。

2. 规划保障资源

保障资源规划一般分为两个步骤：一是确定保障资源的种类；二是预测保障资源的数量。基于 OMTA 得出的保障资源种类是对应每一项保障活动的特殊需求的，在此基础上要把相同和相似的保障资源进行归并、整合，从而形成保障资源种类清单，然后，再针对不同的保障类别选择相应的资源预测方法，给出保障资源的数量预测。保障资源主要包括备件、保障设备、保障设施、人力与人员、训练与训练保障、技术资料编制与发布、计算机资源等。

3. 保障性试验与评价

保障性试验与评价是实现装备系统保障性目标的重要而有效的决策支持手段，它贯穿于装备的研制与生产的全过程并延伸到部署后的使用阶段,以保证及时掌握装备保障性的现状和水平,发现保障性的设计缺陷,并为军方接收装备及保障资源、建立保障系统提供依据。

根据试验与评价时机,可以分为研制试验与评价和使用试验与评价。按照试验与评价的对象可以划分为:关键保障资源试验与评价、关键保障活动试验与评价、装备系统保障性仿真与评价。

5.5 可 用 性

5.5.1 可用度

可用性(availability)是指产品在任意时刻需要和开始执行任务时,处于可工作或可使用的程度。它的概率度量是可用度,是产品可靠性、维修性和维修保障的综合反映。第 2 章对可用度已经进行了简单描述,包括瞬态可用度、稳态可用度、固有可用度、使用可用度等。

在工程实践中,由于影响能工作和不能工作时间的因素很多,例如不能工作时间既要考虑产品发生了故障而进行维修的影响(受产品维修性设计水平的影响、受是否有备件的影响、受管理是否到位的影响),还要考虑产品没有发生故障但要进行预防性维修的影响,因此,工程中常用以下 3 种可用度。

1. 固有可用度

固有可用度(inherent availability,A_i)是仅与工作时间和修复性维修时间有关的一种可用性参数。A_i 的度量方法为产品的平均故障间隔时间与平均故障间隔时间和平均修复时间的和之比,即

$$A_i = \frac{\text{MTBF}}{\text{MTTR}+\text{MTBF}} \tag{5-4}$$

固有可用度是产品在保证规定条件和理想的用户服务环境下工作,它不包括预防性或计划性维修(如更换电池,更换机油等)的时间,也不包括维修保障的延误时间。

固有可用度通常不能作为使用过程的现场度量,因为在用户服务环境下可能会出现修理备件不足、为获得修理备件而延误;修理人员的培训不足、技能未满足要求;过多的行政管理要求等。

因此,固有可用度是产品研制和开发方能够通过设计加以控制的,可以作为研发产品的可用性要求。

【例 5-1】 若有一个系统的 MTBF=200h,MTTR=1h,求系统的固有可用度。

解:$A_i = \dfrac{\text{MTBF}}{\text{MTTR}+\text{MTBF}} = \dfrac{200}{200+1} = 0.995$

2. 可达可用度

可达可用度(achieved availability,A_a)是仅与工作时间、修复性维修和预防性维修时间有关的一种可用性参数。可达可用度既考虑预防性维修,又考虑修复性维修,其度

量方法为产品的工作时间与工作时间、修复性维修时间、预防性维修时间的和之比,即

$$A_a = \frac{\text{MTBMA}}{\text{MTBMA+MMT}} \tag{5-5}$$

式中:MTBMA 为平均维修活动间隔时间(产品寿命单位总数与预防性维修和修复性维修活动总次数之比);MMT 为平均维修时间。

MMT 可进一步分解,并用预防性维修和修复性维修时间表达:

$$\text{MMT} = \frac{F_c \overline{M}_{ct} + F_p \overline{M}_{pt}}{F_c + F_p}$$

式中:F_c 为每 1000h 修复性维修活动次数;F_p 为每 1000h 预防性维修活动次数;$\overline{M}_{ct}$ 为平均修复时间(MTTR);$\overline{M}_{pt}$ 为平均预防性维修时间。

分析固有可用度 A_i 和可达可用度 A_a 的计算公式可以看出,把 A_i 中的平均故障间隔时间 MTBF 换成平均维修活动间隔时间 MTBMA,把平均修复时间 MTTR 换成平均修复性维修和预防性维修的平均时间 MMT,固有可用度 A_i 就变成可达可用度 A_a。这说明 A_a 和 A_i 的最大差别是可达可用度(A_a)要考虑预防性和计划性维修活动。

【例 5-2】 一个系统的 MTBMA=110h,F_c=1/2,F_p=1,$\overline{M}_{ct}$=2h,$\overline{M}_{pt}$=1h,求 A_a。

解:首先计算 MMT:

$$\frac{\left(\frac{1}{2}\right)(2)+(1)(1)}{1+1/2} = 1.33$$

则

$$A_a = \frac{110}{110+1.33} = 0.988 \text{ 或 } 98.8\%$$

3. 使用可用度

使用可用度(operational availability,A_o)是考虑系统的固有可靠性、维修性及测试性、预防性维修和修复性维修,以及管理、使用和保障等各种因素的影响的可用性。它能够真实反映产品在使用环境下所具有的可用性。

A_o 的常用计算公式为

$$A_o = \frac{\text{MTBMA}}{\text{MTBMA+MDT}} \tag{5-6}$$

式中:MDT 为平均停机时间(不能工作时间),包括平均修复时间 MTTR、平均后勤延误时间等产品不能工作时间。

比较式(5-6)与式(5-5)可以看出,使用可用度 A_o 是用平均停机时间 MDT 代替了可达可用度 A_a 中的平均维修时间 MMT。因此,使用可用度扩展了可达可用度的概念,它将因等待备件和处理各种报表、文书等管理工作而造成的延误时间包括在平均停机时间里。可见,使用可用度反映了产品的真实使用环境,是用户最直接的感受。

由于固有可用度、可达可用度和使用可用度考虑的因素不同,它们使用的产品阶段也不同。固有可用度仅考虑 MTBF 和 MTTR 两个参数,而这两个参数是产品研发单位通过设计可以控制的,因此,可以作为研制合同要求加以规范,也是在设计与开发的确认

阶段可以验证的。使用可用度由于考虑了使用过程中的维修保障要素，这些要素有些是产品研制方难以控制的，所以使用可用度不能作为研制合同的要求。但使用可用度由于考虑到使用过程的各种真实环境条件，是产品实际可用性的真实表现，也是用户最关心的，因此，它是一种使用要求。注意：两个具有相同固有可用度的系统，由于使用、维修保障水平的不同，使用可用度是不同的。

提高产品的固有可用度既可以通过提高产品的可靠性水平，即增大 MTBF，也可以通过提高维修性水平，即减少 MTTR 来实现。提高产品的使用可用度，一方面要努力提高产品的固有可用度，另一方面要努力提高产品的维修保障水平，尽量减少各种影响及时维修的延误时间等。

若产品的失效率 λ 和维修率 μ 均为常数，则产品的固有可用度为

$$A_i = \frac{\text{MTBF}}{\text{MTBF}+\text{MTTR}} = \frac{\frac{1}{\lambda}}{\frac{1}{\lambda}+\frac{1}{\mu}} = \frac{\mu}{\lambda+\mu}$$

若产品的可靠性模型为串联，则产品的可用度 A 为

$$A = \prod_{i=1}^{n} A_i = \prod_{i=1}^{n} \frac{\mu_i}{\mu_i + \lambda_i}$$

若产品的可靠性模型为并联模型，则产品的可用度 A 为

$$A = 1 - \prod_{i=1}^{n} \frac{\lambda_i}{\lambda_i + \mu_i}$$

【例 5-3】 给定指数型的失效率和维修率，$\lambda=5$，$\mu=3$，设该产品有两个相同的串联单元，求其可用度（A）。

解：$A = \prod_{i=1}^{n} \frac{\mu_i}{\lambda_i + \mu_i} = \frac{3}{5+3} \cdot \frac{3}{5+3} = \frac{9}{64} = 0.14063$

【例 5-4】 若例 5-3 中的产品不是有两个串联单元而是有两个并联单元，求其可用度（A）。

解：$A = 1 - \prod_{i=1}^{n} \frac{\lambda_i}{\lambda_i + \mu_i} = 1 - \left(\frac{\lambda_1}{\lambda_1 + \mu_1}\right)\left(\frac{\lambda_2}{\lambda_2 + \mu_2}\right)$

$= 1 - \frac{5}{8} \cdot \frac{5}{8} = 1 - \frac{25}{64} = 0.6094$

5.5.2 系统效能

系统效能（system effectiveness）是指系统在规定的条件下和规定的时间内满足一组特定任务要求的程度。它与可用性、任务成功性和固有能力有关。

系统效能（E）是可用性（A）、任务成功性（D）及固有能力（C）的函数。一般可以表示为：

$$E = f(A,D,C) \tag{5-7}$$

在某些简单情况下，它有最简单的表达式，即

$$E = A \cdot D \cdot C \tag{5-8}$$

任务成功性是指产品或系统在任务开始时处于可用状态的情况下，在规定的任务剖面中的任一（随机）时刻都能完成规定功能的能力。

固有能力是指产品或系统在任务期间内所给定的条件下完成任务能力的度量。

系统效能实际上是产品在用户使用过程中发挥的最终效果的综合度量。系统效能与人对社会的贡献的度量一样。人的能力用 C 表示，人的能力很强，其 C 自然就大。但他要有贡献，不仅要有能力，还应当在需要他发挥能力的时候，身体健康可以工作，而不是在生病或住院治疗；他还不仅要工作时可以工作，还必须工作起来能干而无病 D。对于产品而言，则应在要求其工作的任一时刻，它能正常开始工作（开则能动，A）；在整个任务剖面中的任一时刻产品可以工作并完成规定的功能（动而可信，D）；然后是产品具有良好的规定的任务能力（C）。A，D，C 综合形成了产品效能或系统效能。

"招之即来，来之能战，战之能胜"的口号，就是对 A，D，C 的精辟说明。招之即来即为 A，来之能战即为 D，战之能胜即为 C。例如，某个国家要起飞一批战斗轰炸机以导弹攻击远方的某个目标，假设计划 20 架飞机起飞，实际起飞 18 架，则招之即来的可能性也即可用性为 A=18/20=0.9。在起飞的 18 架飞机中，有 1 架飞机在中途空中加油时出现故障，临时降落在附近机场，不能到达攻击的目的地，则来之能战的可能性 D=17/18=0.944。到达目的地的 17 架飞机中，在发射空地导弹时，有 70%击中目标，则战之能胜的可能性，即固有能力 C=70%。于是这次空袭的总体效果为：

$$E = A \cdot D \cdot C = 0.9 \times 0.944 \times 0.7 = 59.5\%$$

显然，这次空袭追求的是装备系统的效能值。

对于舰船核动力装置来说，最终还是应该以系统效能为追求目标，在系统设计、研制和使用过程中应当以总体的眼光来看待系统固有能力、可用性和任务成功性等方面，注重资源的合理调配，应在上述几个方面寻求优化权衡。

本 章 小 结

本章首先介绍了工程实践中与可靠性关系比较密切的几个通用质量特性：维修性、测试性和保障性；重点阐述了它们的基本概念、描述这些属性的定性定量要求、研制中采用的设计分析与验证评价方法等；最后，以系统可用性为牵引，简单介绍了它们与可靠性间关系，以及在工程中表达系统可用程度的方法。

习 题

一、单项选择题

1. 下列参数中不属于测试性参数的是（   ）。

A. 故障检测率 B. 故障隔离率
C. 故障修复率 D. 虚警率

2. 可靠性是从（　　）工作时间提高产品的可用性，而维修性是从（　　）因维修停机的时间提高可用性。

A. 缩短，延长 B. 延长，缩短
C. 减少，缩短 D. 延长，延长

3. 产品按规定的程序和手段实施维修时，在规定的使用条件下保持或恢复能执行规定功能状态的能力，称为（　　）。

A. 维修 B. 维修性
C. 可靠度 D. 维护

4. 产品能及时并准确地确定其状态（可工作、不可工作或性能下降），并隔离其内部故障的一种设计特性是指（　　）。

A. 测试性 B. 测度
C. 保障性 D. 可用性

5. 关于使用可用度，表达正确的是（　　）。

A. 工作时间/（工作时间+总的停机时间）
B. 工作时间/（工作时间-维修时间）
C. 工作时间/总的停机时间
D. 停机时间/工作时间

6. 通过对产品的系统检查、检测和发现故障征兆以防止故障发生，使其保持在规定状态所进行的全部活动称为（　　）。

A. 修复性维修 B. 预防性维修
C. 改进性维修 D. 现场抢修

7. 下列分布中不属于常见维修时间分布的是（　　）。

A. 正态分布 B. 二项分布
C. 对数正态分布 D. 指数分布

8. 下列参数中属于度量维修性要求的参数是（　　）。

A. 平均修复时间（MTTR）
B. 故障检测率（FDR）
C. 故障隔离率（FIR）
D. 平均故障间隔时间（MTBF）

二、多项选择题

1. 以下属于维修性设计准则内容的有（　　）。

A. 简化产品及维修操作，具有良好的维修可达性
B. 提高标准化和互换性程度，采用模块化设计
C. 具有完善的防维修差错措施及识别标记，检测诊断准确、迅速、简便
D. 减少故障发生可能

2. 可用度分为（　　）。
   A．保障可用度　　　　　　B．可达可用度
   C．使用可用度　　　　　　D．固有可用度

三、简答题

1. 系统效能一般取决于哪几个因素？

2. 请简述可靠性、维修性、测试性和保障性对于可用性的影响如何，这几个特性从本质上分别代表了什么内涵？

第6章 舰船核动力的失效特点与状态监测

前面几章介绍了可靠性的基本定义、重要参数与指标、可靠性与故障分析方法等比较通用的可靠性知识与技术。显然，舰船核动力装置在使用阶段表现出的可靠性水平，是这些通用技术与装置具体情况相结合的重要产物。为了更好地理解舰船核动力装置的使用可靠性问题，本章简要介绍核动力装置的构成特点与运行环境，分析装置重要系统及设备类型的失效特点及机理，介绍装置运行时的状态监测方法与手段。

6.1 舰船核动力概述

6.1.1 舰船核动力的功能、工作环境与运行模式

舰船核动力装置顾名思义是为舰船提供动力的，依靠它实现从原子能到热能，再到机械能或电能的转换。目前，绝大部分舰船核动力装置采用压水堆系统，它的系统组成及主要功能如表 6-1 所列。为了实现大规模能量输出及高效利用，需要相对较高的运行参数，因此舰船核动力装置需有能承受高温高压的容器与管道（如反应堆及一回路承压边界）、流动介质（对压水堆而言，一般就是液态水或水蒸气）、大型机械结构（如减速齿轮箱、螺旋桨等）；同时为了实现电力生产、传输利用，以及各个系统的及时精准控制，还需配置电子、电气等系统。总的来说，舰船核动力装置就是要安全可靠地为舰船提供合乎要求的动力输出。

表 6-1 压水堆核动力装置组成及功能

组成	功能
反应堆	原子能的释放并转换为热能
一回路系统	热能的传输
二回路系统	热能的传输并转换为机械能
轴系	机械能的传输
电力系统	机械能向电能的转换

从工作环境来看，舰船核动力也有自身的特点。从外部环境看，舰船是航行于海洋之中的，因此，舰船核动力装置的外部工作环境与一般装置不同：一是系统与设备处于海洋环境，容易受到高温、高盐、高湿、高霉菌等环境影响；二是系统与设备容易受到舰船摇摆、起伏、冲击等附加作用，对系统结构及介质流动均可能产生重要影响。从舰船内部环境看：一是由于需要输出较高的功率，所以舰船核动力运行的温度、压力较高（可以达到近 300℃、100 多个大气压），流动介质的流量大、流速高，换热过程的热流密度大，机械

振动及噪声较大,这就使得部分系统设备要承受高温高压、较大热应力及疲劳应力等;二是与常规动力系统相比,舰船核动力的部分系统与设备还要承受高能射线的辐照影响。

从工作模式看,舰船核动力与民用核反应堆系统相比也有一些特殊性:一是装置通常是间隔性地持续运行。民用核反应堆系统一旦启堆运行之后,如无意外(出现故障需要停堆检修等)要持续运行很长时间(比如一个换料周期12个月);而舰船核动力装置一般是根据使命任务需求持续运行一段时间(比如几十天)就停堆,之后根据需要再持续运行一段时间。二是装置工况变化频繁、变化幅度大。因为舰船航行需要,舰船核动力装置需要经常变换功率水平,导致相应系统设备的运行参数、负荷水平也经常处于动态变化之中;有时为了达到快速机动目标,工况变化的幅度较大。三是经常处于低功率水平运行。由于舰船巡航需求,装置大部分时间处在较低的功率水平,与相应系统设备的额定功率差距较大,很多情况下,系统设备并未处在最佳工作点。

目前,舰船核动力主要应用于军用舰船。对于军用核舰船来说,它既有军用舰船的一般问题,又有核装备的特殊问题,突出体现为在可靠性分析研究中要重点考虑军事使命与核安全的综合权衡、船体平台与核动力之间的耦合影响。因此,在确定系统任务成功准则时应考虑极限运行等问题,在系统可靠性设计与分析过程要尽量区分完整功能、关键功能、基本功能等不同层次。

上面述及的几个方面对舰船核动力的可靠性设计、影响因素分析等都有重要影响,在分析研究使用可靠性时应该予以特别重视。

6.1.2 舰船核动力的系统组成及特点

为了正常运行及确保核安全,舰船核动力装置设置了许多系统,从功能上主要可以分为:反应堆及一回路系统、二回路系统及轴系、综合控制系统、电力系统;还有许多辅助系统,如设备冷却水系统、余热排出系统、滑油系统、空调系统等;另外,还有一些专设安全系统,如应急停堆系统、安全注射系统等。主要情况如表6-2所列。这种分类是按照功能进行的,这些系统也是实际进行可靠性设计分析的具体对象。

表6-2 舰船核动力的主要系统及设备

序号	系统或设备名称	运行环境	运行特点	系统类型与承受应力
1	反应堆	处于舱室内,内部有高温高压冷却剂,承受强辐射	持续运行	非能动机械承压容器,机械、热、辐照、环境等应力
2	反应堆主回路系统	处于舱室内,内部有高温高压冷却剂,有较强辐射	持续承受压力,有功率输出要求时需运行	机械设备+部分电气设备,机械、热、辐照、环境等应力
3	压力安全系统	主体处于舱室内,有边界与外部环境接触,部分承受高温高压冷却剂,有较强辐射	持续承受压力,反应堆启动即需运行	机械设备+部分电气设备,机械、热、辐照、环境等应力
4	余热排出系统	处于舱室内,内部有高温高压冷却剂,有较强辐射	反应堆停堆过程需运行	机械设备+部分电气设备,机械、热、辐照、环境等应力
5	安全注射系统	处于舱室内,非工作期间一般不承受压力,工作期间承受较高压力	安全注射期间运行	机械设备+部分电气设备,机械、热、环境等应力
6	净化系统	处于舱室内,内部有高温高压冷却剂,有较强辐射	反应堆启动即运行	机械设备+部分电气设备,机械、热、辐照、环境等应力

续表

序号	系统或设备名称	运行环境	运行特点	系统类型与承受应力
7	补水系统	处于舱室内，部分管路承受高压，其余部分压力不高	按需运行	机械设备+部分电气设备，机械、环境等应力
8	设备冷却水系统	处于舱室内，压力不高	反应堆启动即运行	机械设备+部分电气设备，机械、环境等应力
9	汽轮机	处于舱室内，内部有高温高压蒸汽	有功率输出即运行	机械设备，机械、热、环境等应力
10	冷凝器	处于舱室内，内部有高温乏汽和较低温度的海水	用汽设备运行即运行	非能动机械设备，机械、热、环境等应力
11	抽气器等	处于舱室内，内部有高温高压蒸汽	用汽设备运行即运行	机械设备为主，机械、热、环境等应力
12	蒸汽供应系统	处于舱室内，内部有高温高压蒸汽	有供汽需求即运行	非能动机械设备，机械、热、环境等应力
13	凝水系统	处于舱室内，内部有一定温度与压力的凝水	有凝水输运需求即运行	机械设备+部分电气设备，机械、热、环境等应力
14	减速系统及轴系	处于舱室内	有功率输出时运行	机械设备为主，机械、环境等应力
15	滑油系统	处于舱室内，内部有一定温度压力的润滑油	旋转设备运行即运行	机械设备为主，机械、环境等应力
16	海水系统	与外部环境连通，内部流动海水	有冷却需求时运行	机械设备+部分电气设备，机械、环境等应力
17	发电及输电系统	处于舱室内，内部有大电流	有发电需求即运行	电气设备，机械、环境、电等应力
18	过程、功率等控制系统	处于舱室内，内部一般为弱电	系统运行即运行	以电子电气设备为主，环境、电等应力

从表 6-2 可以看出，舰船核动力装置包含了许多系统、结构与设备，它们的功能、运行环境、运行模式、系统结构、承受的应力类型等都不太一样。但从可靠性设计与分析的角度来看，实际上对它们的具体功能和结构形式等并不太关注，而是更加重视其失效机理和失效规律方面的差异，据此，可以大致将舰船核动力装置分为以下几大类：

1. 电气—电子系统

电气系统一般涉及电能的发生与分配，包含持续转动的部件，如电动机之类；电子系统则包含有源器件和无源器件（前者指以动态方式参与系统工作的部件，电子系统中如开关、继电器等；后者是指以静态或准静态方式参与系统工作的部件，相当于能量或负荷传送器，电子系统中如电缆、接线），用于放大、转换与形成电信号，一般并不具有持续转动机件，但可能具有间歇工作的机电项目，如开关、电感、继电器等。它们通常具有这样的性质：①失效机理与规律等方面研究充分、发展成熟；②通常采用标准化、组合化设计；③工作方式相对单一；④对电子系统，业已证明故障按指数分布和故障修复时间按对数正态分布的假设经常是能够成立的，而电气系统相对复杂之处在于存在转动件的磨损与保养，如电刷、轴承等。

另外，电气-电子系统本身的性质使它们在备份，以及监控、故障诊断、故障修复、校验等方面相对简单，至少与其他种类装备相比是这样的。其可靠性与维修性可考虑采用检测、监控、冗余、模块化设计等手段来提高，运行人员主要通过换件修理方式来排除故障。

2. 机电、机械系统

机电系统除了电子或电气元件外，还使用了机械激发元件来执行该系统的某些功能。

它由多种零部件组成，其故障方式各不相同，因而具有不同的故障分布统计。某些单元可能具有常数的故障率从而遵循指数分布，其他单元可能显示出随时间而增加的故障率，这样就要由其他某种分布（如威布尔分布之类）来加以描述。

对于纯机械系统或者主要是机械的系统，可靠性与维修性的情况与电子产品相比大不相同。一般来说，机械部件并不具有常数故障率，只要系统投入使用，磨损就出现，必须考虑如何得到合适的预期寿命或合理的平均无故障工作时间（MTBF）。

机电、机械系统同电气-电子系统相比，具有以下特点：

（1）模块化、互换性和标准化的实现较为困难。

（2）舰船上这类装备的备份采用较少，与提高可靠性相比较，冗余更多是保持正常工作能力、保证安全性的一种措施。

（3）工作方式各异，有持续转动、间歇工作的运动件，有固定件，还有大量处于贮备状态的设备、部件，磨损情况、使用强度（包括替代、降低输出的使用）、工作的环境条件不一，故障规律和维修工作量大不相同。

（4）直接接受人员的操作，误动作、违章操作和应急情况下的特别操作方式对这类系统工作的可靠性有很大的影响。

（5）机电、机械类装备，从原材料生产、零部件加工到成品组装，都普遍存在影响装备内在质量的因素，故障数据的处理困难，故障机理复杂，使得电子装备适用的可靠性设计理论与方法对此类装备的应用受到影响。

因此，这类系统可靠性的主要问题，对运行人员来说是要认识系统故障的物理本质，通过正确使用、合理维修来保持和恢复其使用可靠性水平。

3. 流体系统

液压与气动系统、热力系统等以流体为传递能量的主要手段，包含了同电气或机械装备结合在一起形成的组合系统。其可靠性与维修性问题还涉及承压、腐蚀、流体泄漏（各种密封装置的可靠性）。故而应考虑系统中零部件的材料与寿命特性，如容器、O形环、衬垫、泵、过滤器、管道以及阀门等。

4. 反应堆

这是一类不可逆装置，它除了面临一般机械承压容器的失效影响因素外，最特殊的是须长期接受高强度大剂量的辐射照射，其重点放在保证其内在可靠性和安全性上，具有必要的监测手段。由于存在更换核燃料的要求，维修对反应堆是可能的，又是困难的，不属于运行人员的职责范围。

5. 软件系统

软件系统通常包含在综合控制系统中，就纯软件系统而言，它的失效模式、失效机理与传统的硬件系统有很大不同，具有无形性、一致性、不变性、易改进性等特点。在实际工程中没有纯粹的软件系统，它们一般都要与一定的硬件相结合，比如数字化仪控系统，除了有相关的控制软件外，还有CPU、存储器、数据传输通道等硬件。因此，软件系统的可靠性分析往往需要结合硬件失效一并开展，对运行人员来说，纠正或改进软件故障是比较困难的，一般需依靠设计人员开展。

6.2 舰船核动力主要设备类型的失效特点及机理

失效特点及机理是进行可靠性设计、分析与管理的基础。本节重点介绍舰船核动力中最主要的 3 类产品的失效特点及机理，便于大家理解这些产品失效的根本原因及过程特点，便于为运行阶段的可靠性管理提供支撑。

6.2.1 电子产品的主要失效特点及机理

目前，对电子产品失效问题研究相对成熟，认为其失效主要由于偶然因素导致，其失效率一般为常数，通常可用指数分布描述。这是与电子产品密切相关的。第 4 章曾讲到，失效机理是指导致失效发生的物理化学变化过程和对这一过程的解释。一般来说，失效过程是由于来自环境条件、工作条件等的能量积累，超过了某个界限，从而导致产品开始退化，或直接丧失功能。这些环境条件、工作条件等退化的诱因，就称为应力；除了应力之外，时间因素也是不容忽视的，即应力只是诱因，一般都需要经历一定的时间才会演变至失效。引起电子元器件失效的物理或化学过程，通常指由于设计上的弱点（容易变化和劣化的材料的组合）或制造工艺中形成的潜在缺陷，在某种应力作用下发生的失效及其机理。电子产品常见的失效机理主要包括以下几类：

1. 过应力失效

一般可分为电过应力、热过应力和机械过应力。

1）电过应力

电过应力是指施加在产品上的电应力——电源浪涌、负载效应、过激励、电磁感应等超过规定的最大额定值，导致产品发生不可逆变化。它在电子产品失效中占比较大，有统计数据显示份额可达 50%。

2）热过应力

热过应力是指由于内部或外部发热导致产品的材料发生相变、融化、玻璃化、过度形变等。主要表现在热冲击和高温两个方面，高温会导致某些元器件内产生较大的热应力，从而导致形变产生裂缝等最终发生失效；周期性的热循环会产生周期性变化的热疲劳现象，而大幅度热冲击会产生附加的热应力。热失效通常发生在封装元器件、焊点等位置。

3）机械过应力

机械失效是指施加在产品上的机械应力，如振动、冲击、离心力、安装应力或其他力学量超过规定的最大额定值导致产品结构发生不可逆变化。它可以表现为机械冲击引起的过载与冲击失效或者机械振动等引起的机械疲劳失效。机械失效也常发生在焊点位置。

2. 化学或电化学失效

是指在一定的温度、湿度和偏压条件下由于发生化学或电化学反应而引起的失效。比如金属腐蚀、银离子迁移、金铝化合物失效等。对于电化学失效来说，离子残留物与水汽是影响失效的核心要素，它主要取决于湿度环境和离子污染程度等。

3. ESD 失效

ESD 失效是指由静电放电给电子元器件带来损伤，引起的产品失效。它通常包括两种情况：过电压场致失效和过电流场致失效。

4. 其他失效

比如 CMOS 电路闩锁失效、柯肯德尔效应、金属化电迁移等导致的失效。

为了减少电子产品失效，提高产品可靠性，舰船核动力装置在其电子产品的研制中采用了许多可靠性设计方法与原则，包括：电子元器件的选用与控制、降额设计、热设计、潜在通路分析等。

尽管在电子产品研制过程中已经采用了一系列设计手段，但由于运行条件和外部环境的不确定性，电子产品仍有可能发生失效。因此，在运行使用阶段采取有力措施对于保持电子产品可靠性具有重要意义，例如保持良好外部环境（控制湿度、盐分、温度等）、提供合适冷却条件、避免机械冲击、开展科学保养等。

6.2.2 机械产品的主要失效特点及机理

舰船核动力失效记录的统计分析表明，机械和机电产品占据了总失效数量的很大比例。它们的可靠性问题越来越突出，但与其配套的可靠性设计分析理论及技术却相对滞后。从可靠性角度看，机械产品与电子产品相比具有以下特点：

（1）机械产品的失效主要是耗损型失效（如疲劳、老化、磨损、腐蚀和强度退化等），而电子产品的失效主要是由于偶然因素造成的。

（2）耗损型失效的失效率随时间增长，所以机械产品的失效率随时间的变化一般不是恒定值，符合这一特性的分布有正态分布、威布尔分布、对数正态分布和极值分布等。

（3）机械产品的失效模式很多，甚至同一零部件有多种重要的失效模式。其失效模式一般可分为以下几种。

① 损坏型：如断裂、变形过大、塑性变形、裂纹等。
② 退化型：如老化、腐蚀、磨损等。
③ 松脱型：如松动、脱焊等。
④ 失调型：如间隙不当、行程不当、压力不当等。
⑤ 堵塞或渗漏型：如堵塞、漏油、漏气等。
⑥ 功能型：如性能不稳定、性能下降、功能不正常。

（4）机械产品的组成零件多是非标准件，其失效统计值很分散，造成失效数据的统计困难，预计失效率也很困难。

（5）机械产品的不同失效模式之间往往是相关的，进行可靠性分析时需要考虑失效模式的相关性。如转动件的过度磨损往往是间隙不当造成的。

机械产品的失效通常采用应力-强度干涉模型进行描述，即机械零部件是正常还是失效决定于强度和应力的对比关系。当零部件的强度大于应力时，能正常工作；当零部件的强度小于应力时，则发生失效。在实际工程中，机械零部件的强度和应力都不是一成不变的，通常是满足一定分布的随机变量。导致强度和应力出现随机性的因素主要包括以下 5 个方面：

(1) 载荷。机械产品所承受的载荷大都是一种规则的、不能重复的随机性载荷。例如，自行车因人的体重和道路情况差别等原因，其载荷就是随机变量。舰船的载荷不仅与舰船载重有关，而且与航行姿态、速度及操作习惯等有关。

(2) 几何形状与尺寸。由于制造误差是随机变量，所以零件、构件的尺寸也是随机变量。

(3) 材料性能。材料的性能数据是由试验得到的，原始数据具有离散性，但一般给出的材料性能数据往往为均值或最大值和最小值，不能反映材料的随机性。

(4) 生产情况。生产中的随机因素非常多，如毛坯生产中产生的缺陷和残余应力、热处理过程中材质的均匀性难保一致、机械加工对表面质量的影响等；此外，装配、搬运、储存和堆放以及质量控制、检验的差异等诸多因素构成了影响应力和强度的随机因素。

(5) 使用情况。主要指使用中的环境、操作人员的使用和维护的影响。如工作环境中的温度、湿度、盐分、霉菌等影响，操作人员的熟练程度和维护保养的好坏等。

上述随机因素的存在就可能导致故障发生，机械产品的失效过程与具体表现形式多种多样，可能是由某种单一因素造成，也可能是由多种因素共同造成，但最基本的失效形式与机理主要可分为以下几种：

(1) 磨损。通常磨损可分为粘着磨损、磨料磨损、疲劳磨损、腐蚀磨损和微动磨损等。①粘着磨损是指构成摩擦副的两个摩擦面相互接触并发生相对运行时，由于粘着作用，接触表面的材料从一个表面转移到另一个表面所引起的磨损，有时也称为粘附磨损。②磨料磨损又称磨粒磨损，是指当摩擦副的接触表面之间存在着硬质颗粒，或者当摩擦副材料一方的硬度比另一方的硬度大得多时，所产生的一种类似于金属切削过程的磨损，其特征是在接触面上有明显的切削痕迹，这种磨损十分常见且危害很大。③疲劳磨损是摩擦表面材料微观体积受循环接触应力作用产生重复变形，导致产生裂纹和分离出微片或颗粒的一种磨损。④腐蚀磨损是在摩擦过程中，金属同时与周围介质发生化学反应或电化学反应，引起金属表面的腐蚀产物剥落；它是在腐蚀现象与机械磨损、粘着磨损、磨料磨损相结合时才会发生，是比较复杂的磨损过程，经常发生在高温或潮湿的环境，特别是有酸、碱、盐的特殊介质条件下更易发生。⑤微动磨损是指两个接触面由于受相对低振幅振荡运动而产生的磨损，它产生于相对静止的接合零件上，往往容易被忽视。

(2) 断裂。断裂是零部件在机械、热、磁、腐蚀等单独作用或联合作用下，其本身连续性遭到破坏，发生局部开裂或分裂成几部分的现象。零部件断裂后不仅完全丧失工作能力，而且还可能造成重大的经济损失或伤亡事故。所以，尽管断裂在实际失效中占比较小，但它是最危险的一种失效形式。比较常见的断裂形式有：①零部件在外力作用下首先产生弹性变形，当外力引起的应力超过弹性极限时即发生塑性变形；外力继续增加，应力超过抗拉强度时发生塑性变形而后造成断裂就称为延性断裂。②金属零件或构件在断裂之前没有明显的塑性变形，但发展速度极快，此类断裂称为脆性断裂。它通常在没有预示信号的情况下突然发生，是一种极危险的断裂。③疲劳断裂。机械设备中的轴、齿轮、凸轮等零件在交变应力作用下工作，它们工作时所承受的应力一般低于材料的屈服强度或抗拉强度，按静强度设计的标准应该是安全的。但实际中，在重复及交变载荷的长期作用下，零部件仍会发生断裂，这种断裂称为疲劳断裂，它是一种普通而严重的失效形式。在实际失效件中，疲劳断裂大约占据了80%～90%。④环境断裂。机械零部件的断裂除了与材料的特性、应力状态和应变速率有关外，还与周围的环境密切相关。尤其是在腐蚀环境中，材料表面或裂纹边沿由于氧化、腐蚀或其他过程使材料强度下降，促使材料发生断裂。可以说，环境断裂是指材料与某种特殊环境相互作用而引起的具有一定环境特征的断裂方式，包括应力腐蚀断裂、氢脆断裂、高温蠕变、腐蚀疲劳断裂和冷却断裂等。它在舰船核动力失效中也是比较常见的，如燃料元件包壳的氢脆破坏，不锈钢构件的应力腐蚀等。

（3）腐蚀损伤。主要包括化学腐蚀和电化学腐蚀。①化学腐蚀是指单纯由化学作用而引起的腐蚀。在这一腐蚀过程中不产生电流，介质是非导电的，如干燥空气、高温气体、有机液体、润滑油等。大多数金属在室温下的空气中就能自发地氧化，但在表面形成氧化物层之后，如能有效地隔离金属与介质间的物质传递，就成为保护膜。如果氧化物层不能有效阻止氧化反应的进行，那么金属将不断地被氧化。化学腐蚀在舰船核动力中比较常见，如一些密封面或材料表面的腐蚀等。②电化学腐蚀是金属与电解质物质接触时产生的腐蚀。它与化学腐蚀的不同点在于其腐蚀过程有电流产生，在舰船核动力中比较常见的形式是在电解质溶液中的腐蚀，通常与海水接触就容易产生这种腐蚀，所以一般采用牺牲阳极法来进行保护。

（4）变形。变形是指零部件在外力作用下形状发生改变，根据外力去除后变形能否恢复，可分为弹性变形和塑性变形。

机械产品的失效往往是多种因素共同影响，且经常存在一种失效形式引起另一种失效形式，最终导致失效的发生，因此机械产品可靠性问题比较复杂。为了提高机械产品可靠性，除了进行科学设计之外，还必须重视使用阶段机械产品的运行环境、操作、维护保养、预防性维修及状态监测等工作。

6.2.3 软件产品的主要失效特点及机理

随着科技的发展，许多原来由硬件完成的功能发展为由软件来实现，舰船核动力也开始积极采用包含软件的产品。对这些产品的可靠性分析，不仅包含硬件的可靠性，还应包括软件的可靠性。工业实践经验表明，软件可靠性的现状不容乐观，必须予以重视。软件可靠性不仅与软件存在的缺陷有关，而且与系统输入和系统使用有关。

软件是通过承载媒体表达的信息所组成的一种知识产物，与传统的硬件产品有很大不同，主要有以下一些特点。

（1）无形性：产品没有一定的形状，其制作过程的可视性差。

（2）一致性：产品一旦成型后，无论复制多少份均完全一致，无散差。

（3）不变性：软件产品形成后，无论存放和使用多久，只要未经人为改动，就不会变化，不存在老化和损耗问题。

（4）易改进性：软件产品通常比硬件产品容易变更。

（5）复杂性：软件的运行路径通常很多，特别是大型软件，逻辑组合变化复杂，功能性也相对复杂。

软件失效的发生一般可以用失误、缺陷、故障和失效来描述，具体关系如图 6-1 所示。

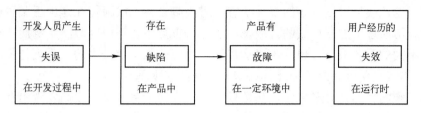

图 6-1 软件故障的因果关系

失误（mistake）是指可能产生非期望结果的人为行为。

缺陷（defect）是指代码中引起一个或者一个以上故障或失效的错误的代码，软件缺陷是程序固有的。

故障（fault）是指在软件运行过程中，缺陷在一定条件下导致软件出现错误状态，这种错误的状态如果未被屏蔽，则会发生软件失效。

失效（failure）是指程序操作背离了程序的要求。从图 6-1 可以看出，软件故障或失效归根结底是开发人员在开发过程中由于人为失误造成的。

软件故障的原因可以分为两类，即内在原因和外在原因。内在原因是软件开发过程中形成且未被排除的潜在缺陷，如有缺陷的、遗漏的或者多余的指令或指令集，这些缺陷来源于软件开发者的失误，也可能是恶意的逻辑；外在原因是软件外部给软件提供的各种非期望条件，这些条件也分为两种，一种是客观存在于软件外部的系统中的环境异常，另一种是软件运行过程中人员造成的，可能是操作人员的失误，也可能是有人恶意地侵袭。其中，恶意逻辑和故意侵袭的防范属于软件保密性的范围，除此之外的其他失效原因都应纳入软件可靠性考虑范围，特别是内在原因中的偶然失误。

尽管软件可靠性与硬件可靠性有许多差别，但实质都是研究产品的可靠性，也是通过解决缺陷或故障的预防、发现、纠正和验证的问题，以达到提高可靠性的目的。因此，也可以采用简化设计、冗余设计、容错设计等方法。一般地，通过认真实施软件工程，并增加保证软件可靠性的专门措施，可以比较有效地提高软件可靠性。

6.3 舰船核动力的状态监测

在实际工作中，判断装备现在是否正常、未来能否持续工作都必须以状态感知为基础，可以说装备状态监测是确定系统及设备是否故障或何时可能发生故障的关键所在。同时，也是运行人员对故障进行诊断、处理的必要条件。

6.3.1 状态监测的基本内涵及意义

设备的状态是指设备的工况，通常设备的基本状态有正常、异常、故障 3 种。设备或零部件正常是指它没有任何缺陷，或者虽有缺陷也在允许的限度之内；异常是指缺陷已有一定程度的扩展而使设备状态信号发生变化，设备性能劣化但仍能维持工作；故障则是由于设备性能指标严重降低，已无法维持正常工作（功能输出），即是前面章节中所述"丧失规定功能"。

由此可见，故障只是设备的一种状态。对舰艇设备，故障往往是由于某种缺陷不断扩大，经异常而逐渐发展形成的。故障的监测，重点不在于研究故障本身而在于研究状态识别，不同的设备故障（也称为"病症"），对应着状态信号中的一系列特征信息（即"症状"），构成设备状态或故障能被认识和诊断的客观基础。

状态监测的目的是对多来源监测数据进行融合与趋势分析，提高发现潜在故障的能力，并对设备的技术状态进行综合评价。监测数据可以将设备的某些运行参数量化，使技术状态具备可比性，对监测数据进行智能化分析、判断，可实现对装备技术状态的快速判断，成为提供维修决策的客观依据。目前，多种监测诊断方法的运用已经成为诊断设备故障、制定修理方案、甚至于影响计划任务的重要依据。不论是舰艇的临时抢修还是计划修理，修前勘验、修后验收都是监测工作的一部分，也成为修理工作的重要环节，这对推行主动维修机制，促进维修体制改革具有现实意义。现在，装备技术监测已成为指导核动力舰船安全运行和维修决策的重要依据，特别是随着舰船使用年限的增加和使用强度的加重，对装备技术状态监测的要求和依赖越来越高。状态监测与系统运行的关系可以用图 6-2 简单表示。

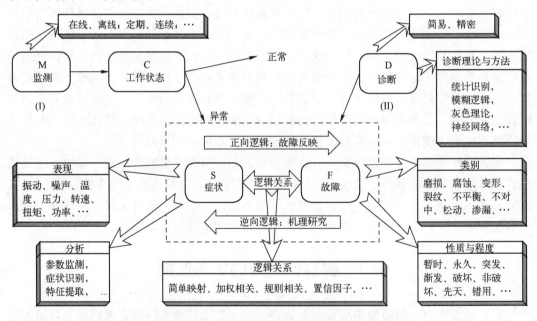

图 6-2 状态监测与系统运行间的关系示意图

在核动力装置运行期间，设备会受到各方面的影响，包括压力、温度、辐照、吸氢、侵蚀、振动和磨损等。这些影响均与设备运行时间和运行经历有关，加上装置技术性能、结构复杂，可能的人为差错，因此故障具有明显的随机性，设备状态难以监测。而监测不足可能带来下述问题：

（1）缺陷有足够的时间扩大而导致故障或事故，不能确保核安全和舰艇安全。如蒸汽发生器传热管有缺陷，未预先堵管或限负荷运行，缺陷逐渐扩大、传热管破损造成事故；海水管道腐蚀，威胁舰艇水下安全。

（2）意外故障停堆或停机，因丧失动力而影响舰艇任务完成，甚至造成安全性后果。如冷凝器冷却管破损导致停机；海水蒸发器泄漏而丧失造水功能；因一回路超压，安全阀起跳后未回座，可能危及核安全。

（3）导致二次损坏。如：因设备冷却水泄漏而使设备过热损坏；由于轴承的一般故障导致整个齿轮箱的破坏；净化系统的离子交换树脂热态分解后进入堆芯，造成堆芯流道堵塞、传热恶化等。

（4）缺乏足够信息而无法确定故障原因，影响设备使用，增加排除故障费用。如发现回路流量低但找不到原因，只好大量拆卸。

（5）为避免上述后果而盲目加大检修频度，一方面导致设备利用率低、资源浪费，另一方面过度的拆装使设备故障率上升。

有鉴于此，运行人员对工作对象的技术状态必须做到心中有数。为了弥补对设备状态认识上的不足，传统的设备管理在维修方面采用了定期翻修方式，通过周期性的拆卸、检修来预防故障，恢复设备正常状态。但事实上核动力装置的许多故障，采用这种手段是无法奏效的，它无法解决随机故障情况。

设备状态监测及故障诊断技术的迅速发展，使得运行人员有可能对设备运转情况的发展进行密切的跟踪监测。如果通过测试发现异常或初期故障及其演变情形，就可以推算出设备"什么时候达到允许的变化程度？什么时候必须修理？"这种趋向监测为运行人员对设备进行管理、控制提供了科学的依据，可以掌握设备技术状态与安全余度、任务要求之间的关系，能够合理安排维修作业并保证所花费用最少。

从保持和恢复核动力装置可靠性的意义上讲，状态监测的任务是在设备运行状态或不进行大的分解的情况下，弄清其所处的客观状态，包括采用各种测量、分析和判别方法，结合设备的历史状况和运行条件，为其性能评价，以及故障诊断打好基础，保证设备的合理使用、安全运行。

6.3.2 状态监测的主要特点

舰艇核反应堆是移动的核设施，相对于陆地核动力装置及其他动力舰艇装备而言，其要求在保障核安全的前提下，在有限的空间和重量约束条件下布置满足使用要求的装备，因而监测实施难度更大；而运行环境及使用条件等因素引起的系统、设备、构件功能降级的过程也更复杂，诊断要求更高。舰艇核动力装置的固有特性使得其状态监测具有如下特点：

（1）系统复杂，技术难度大。核动力舰艇装备结构复杂，设备种类繁多，涉及核能、机械、电力、电气、电子等诸多技术领域，由此产生大量机械振动、电气、油液、温度等数据以及红外场、油液谱图、振动频谱等平面信息，采集、分析和处理这些反映设备技术状态的特征信息，必须运用振动、油液、红外等多种监测技术进行综合诊断等，这使得装备监测技术难度大，对专业人员的能力要求高。

（2）设备测量可达性差、测试性受限。由于技术发展的限制，目前，舰船核动力装置的技术监测能力还比较有限。核动力舰艇内部空间狭窄、布局紧凑，设备内部及设备之间空隙小，很多装备在舱室甲板下、舷壁、角落等可达性差的位置，还有风机等设备因为降噪需要被包裹在吸音装置当中，人员及传感器无法到达，降低了测量可达性，直接影响到测得数据的可信度和所包含的信息量。

（3）监测设备要求便携性好、耐用性好。核动力舰艇升降口和屏蔽门决定了能使用监测设备的最大尺寸，在不影响测量结果准确性的前提下，尺寸与重量越小越好。此外，设备还必须能够耐受辐射、海水盐度、振动摇摆等影响，电池的续航力长。

（4）各传感器及线缆须受干扰小。核动力舰艇电磁复杂，各电动机、控制屏、配电板所通过的强电流容易对传感器及线缆产生干扰。核动力舰艇内诸多设备相互干扰，声学环境差，既有高频率的汽发齿轮箱噪声及蒸汽扰流声又有低频率的螺旋桨噪声，难以分辨隔离噪声源。这使核动力舰艇内利用空气传导的声学监测应用受到限制。

（5）核动力装置有大量承压、静止设备，以提供被动功能为主，大型部件多，厚壁焊接部件多，热交换设备多。尤其是一回路系统中转动机械少，对状态监测提出了更高要求。

（6）核动力装置存在小子样、长寿命、非标准化的特征，使得监测与诊断更加困难。

（7）装置一回路是强放射性源，辐射防护的要求，不仅对监测点、监测时间、监测过程的长短有限制，而且监测设备必须考虑去污问题，同时，核安全的需要也限制了某些检测方法的采用。

（8）对舰员级监测仪器，要求智能化程度高、操作简单、界面友好。对于舰员级监测，由于人员流动性大、水平参差不齐，很难要求像专业人员那样熟悉掌握仪器与诊断方法，这就需要监测仪器要求智能化程度高、操作简单、界面友好。

相对来讲，装置二回路的监测条件比一回路要好，而一回路由于远距离操纵的需要，保证了对大量运行参数、安全状态的监测。运行监测包括功率（中子通量）监测、辐射监测和热工参数监测。功率监测的主要职能是监测反应堆从释热到主机做功的整个过程，并为功率调节系统和保护系统输送信号，以确保反应堆的安全运行；辐射监测的任务是测量核辐射所造成的剂量和排放物的放射性水平，还包括反应堆压力容器密封监测、燃料元件破损监测、蒸汽发生器传热管破损监测等；热工参数监测的主要功能是对一回路重要热工参数进行测量显示、越限报警和提供事故停堆信号，包括温度、压力、流量、水位（含舱底水位）监测。另外，还有水质监测、工业电视监视（堆舱的某些要害部位）等。

上述监测项目基本是采用机内或在线监测装置（监测装置被设计成设备或系统的一个部分并在其运行环境中测试），设置的目的可以认为是监测整个一回路工作过程，为运行服务提供安全报警。除了运行中实时进行监测的参数外，设备状态监测的其他内容主要是通过巡检与保养工作来实现的。而对装置结构状态项目的监测，则主要依靠检修和在役检查。

6.3.3 状态监测的基本原理及其分类

1. 状态监测的基本原理

通过对故障机理的研究可以得知，任何一个运行的设备、系统，都会产生机械的、温度的、噪声的以及电磁的种种物理和化学上的信号（对静态下的系统，可通过标准的外部激励得到信号），这些信号反映了设备、系统的状态，如果适当地选择状态信号中的若干个特征信息，则设备的一定状态就与一定的特征信息相对应，这一定的特征信息构成状态向量，便是设备异常或故障信息的重要载体，为进一步的诊断提供先决条件。

因为设备状态信号是由系统特性和载荷确定的，所以对其状态信号的监测也可分别通过对系统特性和载荷的监测来实现，特别是在需要判明异常是来自设备结构（内因）或运行条件（外因）的情况下，往往需要同时监测状态信号、载荷信号和系统特性。测量通过传感器或其他检测手段来实现，这样就能够间接地判断设备工作状态，达到监测要求。

2．监测的分类

舰船核动力的状态监测范围涵盖了反应堆及一回路系统、二回路及轴系、电力系统，以及有关的保障支持系统等。监测的参数类型包括：系统运行的工艺参数（如温度、压力、流量等），旋转机械的振动、噪声，电气设备的电特性，非能动设备的缺陷情况等。按照不同属性可以对监测技术和监测行为进行不同分类。

1) 按照监测时机分

（1）投入前监测，比如一回路一些重要泵阀的振动水平、开关特性等。

（2）运行时连续监测，如系统的工艺参数、辐射剂量水平等。

（3）运行时间歇性或周期性监测，如一些旋转机械的振动、红外等。

（4）运行一段时间后监测，如油液监测。

（5）利用维修时机或定期监测，如传热管的无损检测等。

2) 按照监测是否在线分

（1）在线监测，运行所需的各类工艺参数（核、热工水力、辐射剂量等）、水质在线监测、大气环境监测、阴极电流保护装置、堆舱工业电视、全船设备监视系统等。

（2）离线监测，即除在线之外的其他监测，如水质化验、油液监测、船体电位、设备温度等，通常是利用便携式设备或一些专用设备开展。

3) 按照实施监测的主体分

（1）系统设备机内监测，如核参数、热工参数、辐射剂量参数。

（2）舰员实施，如电机绝缘、绕组红外温度监测、部分设备的振动监测。

（3）专门监测人员实施，如油液分析、无损检测等。

总的来说，监测的实施是为了准确把握设备在运行状态中显示的征候，可以定期进行，如一回路压力边界的在役检查、表头的校准等，即规定在某个时间周期内用规定方法完成规定项目的检查；也可以在执行任务（出航）之前或设备启动之前进行，如承压系统的打压试验、某些泵运行参数的就地测量。与运行有直接联系的是机内或在线监测，可以连续或定时进行，如燃料元件破损、蒸汽发生器传热管破损监测、电器绝缘测量等；其他状态参数一般多采用离线监测（离开运转环境），如水质监测。至于每个对象或每种参数具体采用哪些监测手段，取决于监测对象的重要程度、监测参数的发展速度与变化规律、可用的监测技术、空间条件制约等诸多因素。

6.3.4 状态监测的主要技术

核动力舰艇装备监测诊断方法很多，技术特点各不相同，可满足不同监测对象状态评估、故障定位及原因分析的要求，为提高装备修理的针对性、有效性提供科学手段。本节主要介绍目前应用较为广泛的离线状态监测技术。具体情况如表 6-3 所列。

表 6-3 舰船核动力主要离线监测技术

监测技术	子类	基本原理及特点	主要适用对象
无损检测	涡流	原理：以电磁感生原理为基础的一种常规无损检测方法。 优点：对工件表面或近表面缺陷有较高的检出灵敏度，不需要耦合剂，可对管、棒、线、内孔等实现高速高效探伤，适用于高温条件下的检测，能对矩形、三角形、带形等异形薄壁管等进行探伤，能测量金属覆盖层或金属材料上非金属涂层的厚度。 不足：只能对金属材料进行检测，对试件边缘部分检测存在盲区	蒸汽发生器、主冷凝器、辅冷凝器及设备冷却水冷却器等热交换设备传热管
	超声	原理：利用超声波（常用频率为 0.5~25MHz）在介质（工件）中传播时产生衰减，遇到界面产生反射的性质来检测缺陷的无损检测方法。 优点：适用于多种材料与制造工艺的检测，检测钢件厚度可达几米，对裂纹类缺陷比较敏感，能对缺陷进行定位。 不足：常用的脉冲反射仪存在盲区，表面与近表面缺陷难以检测，对检测人员要求高	适用于反应堆压力容器、蒸汽发生器、稳压器、一回路管道、重要阀门接管焊缝、二回路主蒸汽管道等母材及焊缝腐蚀裂纹的检测
	导波	原理：声波从固定在管道周向的探头环发射，并沿着管道的走向传播，当遇到有腐蚀或冲蚀的区域时，一定比例的能量波被反射回到探头。 优点：不需要耦合剂，检测效率高，一次检测长度可达上百米。 不足：只能定性或半定量检测，要确定缺陷的尺寸和形态，还需要使用其他无损检测技术	用于检测舰艇核动力装置保温层下的管网系统、有套管及其他受空间限制造成不可达检测的管道
	射线照相	原理：基于被检测件对透入射线的不同吸收来检测零部件内部缺陷的无损检测方法。 优点：适用于体积型缺陷，如气孔、疏松、夹杂等。 不足：首先，对裂纹类缺陷的检测有方向性要求，被检裂纹走向与射线照射方向夹角不宜超过 10°，否则很难检出裂纹；其次，对三维结构二维成像，易造成缺陷重叠，无法分辨；再次，射线的辐射生物效应可对人体造成损伤，必须采取严格的防护措施	用于船体、反应堆压力容器、蒸汽发生器及稳压器安全端异种金属焊缝以及阀门接管、蒸气系统、海水系统及其他系统管道焊缝等体积型缺陷检测，如气孔、疏松、夹杂等，对裂纹类缺陷的检测有方向性要求
	磁粉	原理：基于缺陷处漏磁场与磁粉的相互作用而显示铁磁性材料表面和近表面缺陷的无损检测方法。 优点：显示直观，检测灵敏度高，可检测开度小至微米级的裂纹。 不足：只能检测铁磁材料表面和近表面缺陷，不适用非铁磁性材料	用于反应堆压力容器、蒸汽发生器及稳压器筒体及接管焊缝、主蒸汽系统管道及船体等铁磁材料表面和近表面缺陷检测
	液体渗透	原理：基于毛细管现象揭示非多孔性固体材料表面开口缺陷的无损检测方法。 优点：显示直观，操作简单，灵敏度高，可检出开度小至微米级的裂纹。 不足：只能检出表面开口的缺陷，对表面粗糙和孔隙较多的构件，难以识别	用于核反应堆内构件、一回路不锈钢管道、控制棒驱动机构以及热交换器管板等不锈钢材料表面腐蚀裂纹、折叠、疏松等缺陷的检测
振动监测	—	原理：利用正常机器或结构的动态特性（如固有频率、传递函数）与异常机器或结构的动态特性的不同，来判断机器或结构是否存在故障的技术。 优点：具有理论基础雄厚、分析测试设备完善、诊断结果准确可靠、便于实时诊断等特点，在机电设备监测诊断技术体系中居重要地位。 不足：主要适用于旋转类设备	用于核动力汽轮发电机组、柴油发电机组、主变流机组、中频机组、空调制冷机组、各种泵类、电动机类及轴承等旋转部件和设备

续表

监测技术	子类	基本原理及特点	主要适用对象
油液分析	常规分析 光谱分析 铁谱分析	原理：分析设备在用油液的性能参数变化和所携带的磨损微粒的情况，获得设备润滑和磨损状态信息，评价设备的技术状态并确定故障部位、原因、类型的技术。 优点：具有信息集成度高的显著特点，只要是油液所经过的部位，机械设备零部件的磨损故障一般都可通过对该处的油液进行取样分析诊断出来。 不足：仅适用于使用润滑油、液压油的场合	用于舰艇核动力主汽轮机、汽轮发电机组、柴油发电机组、主循环水泵、空气压缩机、螺杆压气机（低压鼓风机）、液压系统及轴系等设备磨损状态监测
红外监测	—	原理：利用物体红外热辐射原理测量系统设备的温度或温度场，是一种区别于传统接触式测温的诊断技术。 特点：具有非接触式测量，测量速度快、范围宽、灵敏度高，对被测温度场无干扰，适用于设备动态过程测量等特点	用于舰艇核动力电力系统配电板、电缆及电气设备的控制屏、控制箱的热点检测，也常用于对蒸汽系统管路隔热层、机械设备轴承、润滑油油温等设备部件的温度监测，只要设备故障存在温升异常的场合均有广泛应用
电气特性监测	绝缘监测	通常采用非破坏性试验检测方法，主要技术手段有：一是对电缆绝缘层相对硬度进行测量，根据其变化的趋势来定性判断绝缘老化程度；二是通过电缆长期运行产生的局部放电进行检测，测量电压随电缆的阻抗、护套与地间阻抗的变化，参照相关放电标准来评定电缆状态；三是根据绝缘材料的介电性质与频率的相关性，测量不同频率下的绝缘电阻并诊断其绝缘情况	—
电气特性监测	电动机绕组状态检测	主要有电流频谱分析方法、振动监测方法、绝缘检测方法、温度分析方法、轴电压分析方法、轴向漏磁检测方法等，目前，应用于舰艇核动力电动机绕组状态检测的方法主要是电流频谱分析方法，即通过对负载电流幅值、波形的检测和频谱分析，监测电动机工作状态是否正常，诊断电动机是否存在转子断条、气隙偏心、定子绕组短路等故障	—

6.3.5 状态监测的实施

监测的实施，是为了准确把握设备在运行状态中显示的征候，可以是定期进行，也可以在执行任务（出航）之前或设备启动之前进行。对于机内测试或在线监测情况，其监测活动的实施相对固定。本节主要介绍离线监测的实施情况。

监测工作必须"主动、靠前"，并结合装备特点与管理模式来实施。核动力舰艇由于装置及任务特点，修理和监测工作对时效性要求很高，如某些供汽设备只有在出航准备阶段才能监测与勘验，还有两次航行任务间隔时间短、其间不停堆停汽等情况。"何时监测"和"怎样实施监测"须结合舰船使用特点和规律来制定。一个完整的故障诊断过程由状态监测、分析诊断和治理预防3个阶段组成。

第一阶段是状态监测，就是采集设备（包括零部件）在运行中的各种信息，通过传感器把这些信息变为电信号或其他物理量信号，输入信号处理器进行处理，以便得到能反映设备运行状态的参数，这种信息称为故障征兆参数。

第二阶段是分析诊断，即根据状态监测所提供的能反映设备运行状态的征兆或特征参数的变化情况，或与某一故障模式状态参数进行比较，识别设备是否运转正常，或存在故障并诊断故障的性质、发生的部位、危害的程度等。

第三阶段是治理预防，当分析诊断出设备存在异常状态后，就其原因、部位和危险程度进行研究,制定故障预防或修理的措施。如果经过分析认为设备还可继续短期运行,就必须对故障的发展进行重点监测,缩短监测周期,必要时做连续监测,以保证设备安全可靠运行。状态监测的基本工作流程可以用图6-3表示。

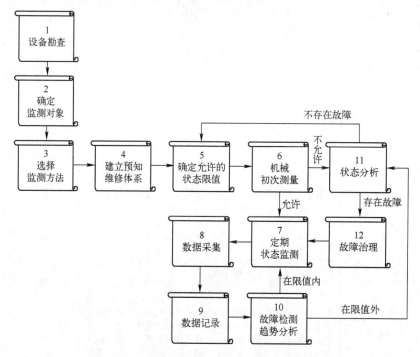

图6-3 舰船核动力监测工作实施流程与步骤

在实际监测过程中,还应该注意以下几点。

(1) 四个结合:定期检测与重点检测相结合;码头工况与出海跟踪相结合;基地级监测与艇员级监测相结合;修前勘验与修后验收相结合。

(2) 三个统一:把好制度标准关,将规定的制度标准与综合测试"加权"分析相统一;把好故障诊断关,对设备故障的分析诊断与跟踪,参与其维修过程相统一;把好数据统计关,将设备的测试、统计与分类建档相统一。

(3) 两项质量超前控制:对装舰轴承质量超前控制;对上舰设备整机电气参数质量超前控制。

实践证明,通过实施有效的状态检测可以有效地改变传统的"救火式"维修体制,降低舰船核动力重大设备的突发故障率,有效提高装备完好率和舰艇在航率。

6.4 舰船核动力运行阶段的状态管理

运行人员对于保持核动力装置的可靠性运行起着十分重要的作用。从核动力运行阶段的状态管理来看,当装置状态发生偏离进入异常或发生故障时,如果运行人员能够进行及时正确地干预,那么装置就可能继续保持或恢复正常运行,或是保持最基本的功能输出，至少是确保核安全。归纳起来看，当状态监测发现装置偏离正常运行时，运行人员通常可以采取以下几项状态管理措施。

（1）加强监护。当核动力装置某些系统或设备的参数出现偏差（部分设备出现一些异常或故障征兆），但仍在可接受范围之内，此时系统仍可保持正常参数水平运行，但对于出现异常的设备应加强监护，实时或持续性地监测其状态。比如，海上航行时某个泵出现振动超标，但泵的流量、扬程等参数仍在正常范围内，此时便可以采取加强监护的方式保持运行。

（2）改变运行参数。某些情况下，当系统或设备出现异常，导致装置安全裕度下降等结果时，为保证系统基本功能输出、确保核安全，可以改变运行参数（如降参数运行），以降低相关系统或设备的应力水平，避免异常进一步发展为故障或失效。

（3）重新配置系统结构。系统出现异常或故障时，如系统设置有冗余单元或其他备用通道，则可以通过冗余切换、启用备用通道等方式重新配置系统结构，使系统保持正常功能输出。

（4）应急抢修。在某些情况下，运行人员可以对故障设备进行应急抢修，以恢复全部或部分功能，以恢复系统的运行。比如仪控系统的插件、阀门密封面等问题。

（5）返港处理。当出现影响核安全功能或无法修复的故障时，应在确保核安全的基础上，尽快返回母港进行维修。

对于舰船核动力来说，在不同情形（战时、平时，海上、母港）下，发生不同故障时，可以采取不同的状态管理策略。

从故障判断的角度来看，如果故障现象明确、起因简单，可以很快做出准确判断，比如跑冒滴漏、器件损毁、机械卡滞等。对于此类故障，在海上具备修理条件时，多立足于自修。如由于缺少备品、工具，或艇员级无法实施修理时，多待返航后修理。对于控制线路、电子器件、复杂设备内部、人员可达性差和多系统影响的故障，通常较难分析判断。对于此类故障，一般首先进行设备转换、系统隔离或监视运行等，在确保艇安全的前提下，再进行分析判断，检查排故。故障无法排除，则待返航后修理。

从故障排除的角度来看，当舰船所处情况不同，也应采取不同策略。

母港：立足于彻底排除故障，力争做到不带故障隐患出海。

海上：对于原因明确，具备排故条件的，立足自修排故；对于原因不明，故障无法排除的，则依实际情况进行加强监护、降参数运行、停运隔离或返航修理等。

平时：立足于将故障排除，确保安全。

战时：立足于最大限度地满足作战需求，能运行的尽量维持运行,对故障进行限制，防止蔓延。

本 章 小 结

本章从总体上介绍了舰船核动力的结构组成、工作环境与运行模式，从功能和可靠性角度对系统及设备的类型进行了划分；简要分析了电子产品、机械产品和软件产品的主要失效特点及机理;比较系统地阐述了舰船核动力状态监测的目的意义、主要特点、基本原理与主要技术;最后,简单介绍了运行人员的状态管理问题。

习　题

1. 与民用核反应堆相比,舰艇核动力装置工作环境与运行模式有何特点?
2. 简单分析电子产品与机械产品在可靠性问题上的差异。
3. 请分析舰船核动力装置常用的状态监测技术,并讨论其适用对象与场合。
4. 在运行过程中,运行人员主要的状态管理手段有哪些,分别适合于什么情况?

第 7 章 舰船核动力使用可靠性的保持与恢复

装备可靠性最终是通过使用过程体现的，其水平的高低不仅取决于装备设计，还与装备使用过程中采取的维修保养密切相关。而保持和恢复核动力装置的使用可靠性是舰艇核动力使用者的重要任务。对运行保障人员来讲，装置运行过程中，主要问题在于保持其使用可靠性水平；当可靠性水平降低到一定程度，通过维修来恢复。当然，运行保障人员本身的可靠性对于舰船核动力使用可靠性也有重要影响。本章简单介绍舰船核动力日常保养、维修以及提高人员可靠性方面的一些基本理论与经验做法。

7.1 舰船核动力的科学保养与使用

当舰船核动力研制完成后，其固有可靠性就确定了。在使用阶段如何保持和恢复其使用可靠性是运行保障人员的重要职责，目前舰船核动力领域已经积累了一些保持与恢复装置使用可靠性的良好做法。

7.1.1 舰船核动力的保养

舰船核动力投入使用后，在老化、磨损、疲劳、腐蚀、外部冲击等应力作用下，系统与设备的性能往往会出现不同程度的退化，而这种退化速度往往与使用条件、保养情况有很大关系。为了延缓系统及设备的退化速度，提高使用可靠性及寿命，应当科学地使用装备，并及时、科学地开展保养活动。

对运行人员来说，操纵舰船核动力装置应当严格遵照有关条令条例和运行规程，应当按照装备保养条例适时开展保养活动。装备保养是为了保持装备性能所采取的预防性技术措施。其内容主要包括对装备进行擦拭、除锈、涂油、调整、检查、紧固、补充消耗，更换超过工作时限的零件，排除一般常见故障等。装备保养通常可以分为日常保养和专项保养。

1. 日常保养

日常保养是装备管理中的例行性工作，也是保持系统设备处于良好状态的基础性工作，通常分为日检拭、周检修、月检修、航行检修、舰体检查等。

其中，日检拭、周检修通常是对各类设备进行外部清洁，转动、测量间隙，测量绝缘，对设备加油部位加油、润滑，根据情况通电、运转，排除故障等。月检修是在周检修基础上，组织一些简单的自修、助修活动，并对船体、机座等进行除锈补漆。航行检修，一般定期开展，或是结合执行重大任务进行，通常对一些重点设备进行修理。另外，还有舰体检查，它主要是对船体、骨架、水密装置等进行系统检查，比如舰船核动力通海阀门、滤器的腐蚀情况检查等。

2. 专项保养

专项保养是针对某一系统设备开展的深层次检查保养工作，平时不易组织实施，通常需要多专业间的配合和一定的保障条件。专项保养种类较多，确保动力装置正常运行和执行特殊任务前经常进行的主要有以下几种：启堆前设备检查、控制棒专项试验、阀门转动、主泵切换试验、一回路控制系统联调、蒸汽排放系统试验、蒸汽发生器湿保养、配电网路断点保养、海水系统防腐丝堵检查与更换等。专项保养一般结合月检修、航行检修和集中检修保养进行，专项保养涉及专业多，检查保养要求高，难度大。

在日常保养和专项保养的基础上，根据工作需要，还可开展集中保养。它是指在规定的时限内，集中时间，集中人力，集中保障，完成系统设备深层次的保养，工作重点是平时不具备条件或难以开展的检修保养工作，是日常保养的深化，是专项保养的集中实施。

7.1.2 核动力装置的科学使用

核动力装置的使用可靠性除了受到装置固有可靠性水平影响外，还与装置的使用方式、方法有着十分密切的关系，运行人员应当按照有关的法规制度科学使用装置。任务可靠性是舰船核动力运行保障人员最关注的，为了确保任务成功性，摸索建立一套比较科学有效的核动力装置使用方法。

运行管理人员在使用核动力装置时，必须严格按照有关的法规制度、技术规格书和操作流程进行。在执行重要操作或执行重大任务前，必须做充分准备，了解任务内容、性质和要求，研究操作过程和可能存在的安全不利因素，并制定相应的对策措施；对装备要做细致认真的检查，清楚了解装备状态和性能；要了解测量仪表的可靠性和指示准确性，掌握临界棒位等重要参数；同时，操作过程要细致认真，比如反应堆启堆时要严格控制提棒速率，工况调节时要控制升降功率的速率，大功率设备启停要根据电网运行情况提前做好准备等。良好的使用习惯，可以有效地降低设备失效和故障发生概率，对系统运行可靠性有十分重要的意义。

除了上述的一般性要求外，舰船核动力通常还会采取一些有效措施，来检验系统设备的状态性能，提高任务可靠性水平。本节介绍其中两种比较常见的做法。

（1）封舱运行。封舱运行是指舰船核动力除不输出轴功率外，其他所有系统均已投入正常工作，人员全部到位，舰船停靠在码头的一种运行模式。它可以有效检验各个系统与设备是否运行正常、有关修理活动是否有效等。重点包括以下几方面内容：一是对冷态无法实现的设备及项目进行检查，并在动态情况下对设备的技术状态进行考核，对有疑问的设备进行技术监测并开展分析处理；二是开展一些特殊工况操作训练；三是对二回路的重要设备进行热态串水等。

在封舱运行期间，对能投入运行的各个系统均应在适当时机，按适当顺序投入，充分检验其技术状况。组织舰员对重要设备（如各类轴承、配电板等）开展技术监测，及时发现、排除故障或隐患。对发生和发现的故障或隐患，及时报修。

封舱运行可以视作一种热态试验活动，可以有效检验系统设备的运行状态，发现和消除事故隐患，评估系统运行可靠性水平，是一种行之有效的提高任务可靠性水平的方法。

（2）检验性航行。一般在舰船执行重大任务前安排，目的是更加充分深入地考核系统与设备的运行状况。它可以更加全面、系统、深入地检查和验证核动力装置的运行可靠性水平。特别是可以有效地检验与航行、通海有关的系统及设备可靠性。

7.2 舰船核动力的维修

随着服役时间的增加，系统及设备的性能会逐渐劣化，当劣化活动积累到一定程度或遭受外部冲击时就会发生故障。为了延缓这种劣化过程，减少故障发生概率，或是故障发生后可以快速恢复其功能，就必须组织相关的维修工作。由于维修工作（特别是预防性维修）通常是以核舰船为整体进行计划和实施的，因此本节在介绍有关内容时，也将以核舰船整体维修工作为对象。从国外海军核舰船的经验来看，很大一部分事故都与维修质量不好有关。核舰船的技术和系统设备十分复杂，因此维修工作也十分复杂，其中涉及维修的管理体制、政策、技术、设备维修水平等。本节主要就维修的几个重要问题做简单介绍。

7.2.1 核舰船的维修等级与主要方式

国外核舰船的维修通常按照三级维修体系来开展，即舰员级、中继级和基地级。

（1）舰员级维修。舰员级维修通常由舰艇所在部队和舰上指挥官负责。舰员级维修是根据舰员修理能力进行的各种维修工作，确保在日常工作情况下，使舰上装备处于最佳状态。主要的维修活动包括清洁维护工作，一般机械装置的预防性维修、校正性维修，机电设备的故障性检查及局部修理，以及协助进行其他级别的修理，并检查与监督维修质量。它通常是由运行人员在装备原位上担负的维修，是在运行人员能力范围内，使用随舰备件、工具及测试保障设备条件下进行的。

（2）中继级维修。中继级维修通常由舰艇所在部队负责，由供应舰、修理和保障设施、岸上中继级维修机构等实施。主要维修任务是在舰体、机械、动力等方面进行维护、校准、试验与相关修理工作。具体工作内容包括：预防性维修、校正性维修、试验和检查、勤务保障、改装安装，以及一些紧急修理等工作。

（3）基地级维修。维修内容超出了舰员级和中继级维修能力以外所要进行的维修，属于基地级维修。该维修通常由军种负责，一般依托船厂、舰船修理设施等完成。基地级维修的工作内容包括大修，即较大的修理工作，通常包括定期大修、复杂大修、更换燃料大修、现代化改装以及专项任务技术性修理工作等。

维修方式是指对维修工作时机、类型的控制和掌握，一般按维修工作的性质分为预防性维修和修复性维修两大类。预防性维修即预定的、在规定时间内进行的保持或恢复装备处于适用状态的维修工作，更进一步地划分有定期维修和视情维修；而修复性维修即非预定的、旨在排除已发生的故障或被怀疑的失常，使装备恢复到可运行状态。这两类维修都不能提高装备的固有可靠性,还有一类维修就是结合现代化改装而进行的维修,称为改进性维修。

(1) 定期维修方式:按事先规定的工作时间,届时不管装备的技术状态如何,都进行维修的控制方式。对工作时间的规定有两种方法:一种是按日历间隔时间考虑,这种定时维修如管道、各种密封的维修;另一种是按机械实际工作小时考虑的,这种经时维修如间断运行 X 个满功率天后的反应堆检修保养、Y 个等效满功率天后的反应堆换料、主泵运行时间累计 Z 小时后的磨损检查等。

(2) 视情维修方式:按装备实际技术状况,控制装备可靠性的方式。它要求在装备发生功能故障前采取措施,因此是一种有效的预防性维修方式。如检修中对各种电动机轴承噪声信号进行测量以决定是否更换,根据舱底水位测量进行排放等。

(3) 事后维修方式:对装备来讲是一直工作到故障再维修,因而它可以最大限度地利用装备寿命。这种方式在装置维修中大量存在,如电加热元件、开关、继电器的更换。

从上面的讨论可以知道,一般的维修只能维持可靠性水平或延缓装备可靠性下降,但改进性维修实质上是修改装备设计,是可以提高装备的战术性能和可靠性的。

7.2.2 以可靠性为中心的维修

以可靠性为中心的维修(reliability-centered maintenance,RCM)是以现代维修理论为指导的制定设备预防性维修要求的方法技术。自 20 世纪 60 年代末创立以来,已发展成熟。目前,已应用于钢铁、核工业、海洋石油、供水、食品、造纸、汽车、药品、电力、铝矿和煤矿等行业,并"正迅速成为维修管理实践的基础,如同财务管理中的复式记账法或项目管理中的优先网络一样"。以可靠性为中心的维修,是指按照以最少的维修资源消耗保持装备固有可靠性和安全性的原则,应用逻辑决断的方法确定装备预防性维修要求的过程。RCM 的最终结果是产生装备的预防性维修大纲。

1. RCM 的基本原理

在故障模式影响分析的基础上,以维修的适用性、有效性和经济性为决断准则,进而确定科学合理的维修决策,这就是 RCM 的基本方法,它是建立在如下基本原理基础上的。

(1) 装备的固有可靠性与安全性是由设计制造赋予的特性,有效的维修只能保持而不能提高它们。RCM 特别注重装备可靠性、安全性的先天性。如果装备的固有可靠性与安全性水平不能满足使用要求,那么只有修改设计和提高制造水平。因此,想通过增加维修频数来提高这一固有水平的做法是不可取的。维修次数越多,不一定会使装备越可靠、越安全。

(2) 产品(项目)故障有不同的影响或后果,应采取不同的对策。故障后果的严重性是确定是否做预防性维修工作的出发点。在装备使用中故障是不可避免的,但后果不尽相同,重要的是预防有严重后果的故障。故障后果是由产品的设计特性所决定的,是由设计制造而赋予的固有特性。对于复杂装备,应当对会有安全性(含对环境危害)、任务性和严重经济性后果的重要产品,才做预防性维修工作。对于采用了余度技术的产品,其故障的安全性和任务性影响一般已明显降低，因此可以从经济性方面加以权衡，确定是否需要做预防性维修工作。

（3）产品的故障规律是不同的，应采取不同方式控制维修工作时机。有耗损性故障规律的产品适宜定时拆修或更换，以预防功能故障或引起多重故障；对于无耗损性故障规律的产品，定时拆修或更换常常是有害无益，更适于通过检查、监控，视情进行维修。

（4）对产品（项目）采用不同的预防性维修工作类型，其消耗资源、费用、难度与深度是不相同的，可加以排序。对不同产品（项目），应根据需要选择适用而有效的工作类型，从而在保证可靠性与安全性的前提下，节省维修资源与费用。

2．RCM 的维修对策

按照上述 RCM 的基本原理，对于装备故障及其影响，其总的维修对策如下：

1）划分重要和非重要产品（项目）

重要产品（项目）是指其故障会有安全性、任务性或重大经济性后果的产品（项目）。对于重要产品（项目）需作详细的维修分析，从而确定适当的预防性维修工作要求。对于非重要产品（项目），其中某些产品（项目）可能需要一些简单的预防性维修工作，如一般目视检查等，但应将该类预防性维修工作控制在最小的范围内，使其不会显著地增加总的维修费用。

2）按照故障后果和原因确定预防性维修工作或提出更改设计的要求

对于重要产品（项目），通过对其进行 FMEA，确定是否需做预防性维修工作。其准则如下：

（1）若其故障具有安全性或任务性后果，必须确定有效的预防性维修工作。

（2）若其故障仅有经济性后果，那么，只在经济上合算时才做预防性维修工作。

（3）按照适用性与有效性准则，确定有无适用而有效的预防性维修工作可做。如果没有有效的工作可做，那么必须对有安全性后果的产品更改设计；对于有任务性后果的产品一般也要更改设计。

3）根据故障规律及影响，选择预防性维修工作类型

在早期的 RCM 中，是采用常见的 3 种维修方式，即定时维修、视情维修、状态监控（或事后维修）安排预防性维修，之后用更加明确的预防性维修工作类型来代替维修方式。按照预防性维修工作内容及其时机控制原则将其划分为 7 种类型。以下按所需资源和技术要求由低到高将其大致排序如下：

（1）保养（serivicing）。为保持装备固有设计性能而进行的表面清洗、擦拭、通风、添加油液或润滑剂、补水、排污、充气、调整等，但不包括定期检查、拆修工作。因此，RCM 的预防性维修工作类型中的保养要比一般所说的保养面窄。

（2）操作人员监控（operator monitoring）。操作人员在正常使用装备时，对装备所含产品的技术状况进行监控，其目的是发现产品的潜在故障。这类监控包括：装备使用前的检查；对装备仪表的监控；通过感官发现异常或潜在故障，如通过气味、声音、振动、温度等感觉辨认异常现象或潜在故障。显然，这类工作只适用于明显功能故障产品，而且应在操作人员职责范围内。

(3) 使用检查（operational check）。对于操作人员监控不能发现的隐蔽功能故障产品，应进行专门的"使用检查"，即按计划进行的定性检查，如采用观察、演示、操作手感等方法检查，以确定产品能否完成其规定的功能，其目的是及时发现隐蔽功能故障。

从概念上讲，使用检查并不是产品发生故障前的预防性工作，而是探测隐蔽功能故障以便加以排除，预防多重故障的严重后果。因此，这种维修工作类型也可称为探测性（derective）维修。在各种现代武器系统、飞机、航天器及高安全、高可靠性的系统中，冗余系统越来越普遍，这种维修工作类型越来越重要，应用越来越广泛。

(4) 功能检测（functional check）。功能检测是指按计划进行的定量检查，以便确定产品的功能参数指标是否在规定的限度内。其目的是发现潜在故障，预防功能故障发生。由于是定量检查，因此，进行该类工作时需有明确的、定量的故障判据，以判断产品是否已接近或达到潜在故障状态。

(5) 定时（期）拆修（restoration）。定时拆修是指产品使用到规定的时间予以拆修，使其恢复到规定的状态。拆修的工作范围可以从分解后清洗直到翻修。这类工作，对不同产品其工作量及技术难度可能会有很大差别，其技术、资源要求比前述工作明显增大。通过这类工作，可以有效地预防具有明显耗损期的产品故障发生及其故障后果。

(6) 定时（期）报废（discard）。定时报废是指产品使用到规定的时间予以报废。显然，该类工作资源消耗更大。

(7) 综合工作（combination task）。实施上述两种或多种类型的预防性维修工作。

采用上述方法，若不能找到一种合适的主动预防性维修工作，那么，应根据产品的故障后果决定采取何种非主动维修对策。

通过对重要功能产品的每一个故障原因进行 RCM 决断分析，可以找出有效的预防措施；在此基础上将不同产品的单项维修工作及其维修间隔期进行合并统筹，从而形成若干个成套维修工作，这样就形成了初步的预防性维修大纲；在使用过程中，根据运行经验的积累和检测技术进步情况等，可以适时对预防性维修大纲进行修订。

7.2.3 核动力舰船的重要维修技术与经验

核动力舰船除了有一般舰船的特点外，还有一些因为涉核所带来的特殊问题，因此，对维修技术也带来一些特殊影响，本节简要介绍几种在核动力舰船维修中比较重要的技术与做法。

1. 舰员自修技术

美、俄等国海军核动力舰船的三级维修中，舰员级维修是核动力舰船正常运行和安全保障的基础。因为核舰船自持力长（一般可达好几十天，甚至更长），长期在海上巡逻，远离基地，一旦发生故障，必须由舰员自修，至少应保障舰艇能安全返回基地。

舰员自修主要包括两方面工作：一是日常技术保养，它主要通过贯彻预防为主的检修制度来实现，以消除隐患，防微杜渐；二是故障修复，核动力舰船航行在公海上，可能发生各种故障，有很多故障都是由舰员自己排除，或者将事故危害降低到最低程度，保护了舰艇与舰员的安全。

舰员在核动力装置每次启堆前和停堆后都要做到认真维修,在运行中注意观察和维护,以保证装置的正常运行。当发现系统设备的可靠性较差时,舰员应认真进行检修,以改善设备性能,至少保证使用。

2. 在役检查技术

由于涉核装备的特殊性,许多系统和设备由于放射性影响无法进行日常的检查和监测,需要通过专门的在役检查工作来发现系统和设备是否有缺陷产生,进展状况如何,以便采取相应措施,从而保证核动力装置安全可靠运行。

根据国外核动力舰船在役检查的经验,核动力装置的在役检查项目一般包括压力容器、直径 25mm 以上的主回路管道、蒸汽发生器、稳压器、主循环泵和主阀门等设备。对每项设备进行检查时所选择的区域,主要考虑下列情况:

(1) 由设备的材料、几何形状、应力水平、承受负载大小、周围环境状况和加工方式所决定的高应力区域。

(2) 接受检验的设备的焊缝相关区域,包括焊接热影响区,特别注意选择不同金属的焊接接头,以及这些接头区域所受到的两种或多种合金因热膨胀差而引起的附加应力。

(3) 由于运行条件影响而产生的高应力区,如压力容器顶盖与法兰之间的叉形接头或压力容器材料受到高通量辐照,而且可能影响材料物理性能的区域。

(4) 在停堆换料拆除内部设备后才能到达的区域,如压力容器内表面、内部设备、压力容器壁上的内部支架,以及堆芯下方和上封头上方空间。

(5) 受力状态具有代表性的区域,如压力容器纵向、周向焊缝、主螺栓,以及一回路管道、主循环泵、主阀门及受压边界的焊缝和螺栓等区域,进行足够的检查后,便可估计设备的全面完好情况。

蒸汽发生器是核动力装置中的关键设备之一,它连接一、二回路,因此它的完整和密封性,对核动力装置运行和安全具有很大的意义。蒸汽发生器传热管破损是常见的事故,也是重要的问题,因为有一根传热管破损,就会发生一回路向二回路的放射性泄漏。

目前,对蒸汽发生器进行的检查采用湿法涡流检查,即使用自动扫描涡流探伤的探头进行检查时,允许传热管内部有水存在,这样,只需两三天时间即可完成检查,比要求蒸汽发生器管子干燥后进行检查,可节省很多时间。由于采用多频涡流探伤仪的自动爬行器及闭路电视摄像机自动检查和记录,因此,检查更加方便准确。

对稳压器的检查,通常是在停堆检修期间,经去污后,用水下电视检查其内表面堆焊层有无裂纹、腐蚀、脱落等。用聚焦超声探伤仪或 γ 射线探伤仪对焊缝进行探伤。

对主循环泵的检查,主要是在允许人体接近的剂量条件下可对壳体焊缝、叶轮等部件进行目视检查。必要时,可进行着色探伤检查。如需对泵壳进行射线探伤时,则需在将泵体拆出并经去污后再进行探伤。

国外对一回路管道的破损估计,认为与压力容器的破损概率相差不多。但发生严重破损的可能性比压力容器要大。主要是由应力腐蚀引起的周向裂纹。综合采用超声波、声发射及表面检验和泄漏试验等检查，可以预防发生破损，提高安全可靠性。

3. 现代化改换装

核舰船的现代化改换装是指对舰船的艇体、动力装置系统，以及其他系统、设备或附件进行设计、材料、数量和组件的换装修改。这种现代化改装将不断提高核舰船战术技术性能。研制一级核舰船需要很长的周期，在该级舰船服役后，必然会逐步出现技术落后的情况，为了保持其先进性，必须不断进行现代化改装，尤其是武器和电子设备在5～6年期间就将更新一代。对于核动力装置来说，监测仪表、控制系统，以及一些新的动力推进技术等通常是改换装的重点。

根据国外核舰船的经验，现代化改装工作的具体做法是，运用结构继承概念，在进行设计时，就留有足够的设计储备；采用模块化设计，把系统按其功能不同，分成多个功能结构单元，并采用标准模块和标准接口，为现代化改装提供了方便。核舰船的现代化改装工作，一般结合大修工作进行。

7.3 人员的可靠性

7.3.1 人员可靠性概述

1. 概述

舰艇核动力装置是复杂的人机系统的典型实例，其综合可靠度可用装置固有可靠度及其运行人员可靠度乘积表示。人员与装置系统在很多方面互相影响，三哩岛和切尔诺贝利灾难性的核电站事故，起因都是人为差错。无论自动化程度多高，工程系统的运行总是离不开人这个环节，各个系统之间的互相联结都是通过人来进行。因此，运行人员对核动力装置使用可靠性的保持和恢复有着重要的作用，需要研究减少人为差错、提高人员可靠性的问题。

这里，人的可靠性是指：在规定的最小时间限度内，系统运行中的任一要求阶段，由人成功地完成工作或任务的概率。而人为差错是：人的一组活动中任何一个超出了可接受极限，未能实现规定任务或实现了禁止的动作，都可能导致运行中断或引起装备损坏与人员伤亡。人为差错具有可预防性、可纠正性的特点。

由于人的可靠性影响因素过于复杂，人为因素这个特殊领域的研究，尤其是定量的把握是非常困难的。本节仅介绍有关的基本概念、考虑因素、分析方法，列举一些提高人员可靠性的基本措施。

2. 压力

压力是影响人的行为和人员可靠性的一个重要方面。显然，一个承受着过重压力的人会有较大的可能性造成人为差错。据各方面的研究表明，人的工作效率与压力之间的关系如图7-1所示。从图中可看出，压力并不完全是消极因素，事实上，适度的压力有利于把人的效率提高到最佳状态，这里，适度的压力可定义为足够使人保持警觉的压力水平；反之，压力过轻时人会觉得没有挑战而变得迟钝，因而其表现不会处于巅峰状态。

另一方面,当承受的压力过重时,将引起人的工作效率急剧下降,其中的原因很多,例如疲劳、忧虑、恐惧或其他心理上的压力。曲线划分两个区域:区域Ⅰ内人的效率随压力的增加而提高,而区域Ⅱ中人的效率却随压力的增加而降低。图 7-1 给出一个定性的直观了解,在某些情况下,高压力条件下人的差错率高达 90%。

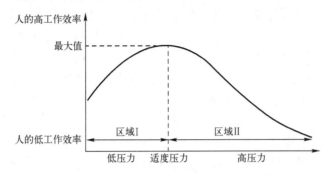

图 7-1　人的工作效率与压力之间的关系

在完成一项规定任务时,运行人员有一定的局限性。当超过这些限度时,差错发生的概率就会增加,为控制人为差错的发生次数,必须考虑人员的能力限度或特征。运行人员的某些压力特征有下列几点:

(1) 反馈给运行人员的信息不充分,不足以确定其工作正确与否,如电动阀门位置指示失效,运行人员不能确定开关动作的结果。

(2) 运行人员被要求快速地比较两个或两个以上的显示结果,如必须根据多个显示结果迅速决定对事故的响应动作。

(3) 运行人员做出决策的时间太短,如事故情况下,不容许人员有更多的思考时间。

(4) 要求运行人员延长监测时间,如对状态不良的运行设备需要随时监测。

(5) 为了完成一项任务所需要的步骤次序非常长。

(6) 一个以上的显示结果不便于识别,如宽、窄量程的水位指示相差很大。

(7) 要求以高速同时完成一个以上的控制。

(8) 要求以高速完成操作步骤。

(9) 要求根据不同来源的数据收集做出决策,而这些数据导致的操作可能是矛盾的。

3. 人为差错

核动力装置的运行,人起着重要的作用。人的作用的重要程度对一个系统和另一个系统可能不同,对系统的一个阶段和另一个阶段也可能不同,这种作用会由于人为差错而受到损害。从而系统总的可靠度也会由于人可能不正确地完成他们的正常任务而受到影响。某些研究资料表明,核装置的故障,约一半是由于人为差错而造成的,这是一个很惊人的比例,它说明人为差错对核装置的可靠性和安全性是一个严重的威胁。

人为差错的发生有各种不同的原因,主要是基于这样一个事实,那就是人可以用各种不同的方式去做许多不同的事情。通常,按执行任务的错误性质划分,人为差错如下:

(1) 设计差错。设计不合理造成的差错,包括:系统和设备的操作不合理,违背人—机相互关系的原则；设计中过于草率，由于设计人员的偏爱和片面性所致；系统在设计中进行一系列的分析不够，如可靠性分析和安全分析没做。

（2）操作差错（运行差错）。这是运行人员在现场环境下所犯的错误，包括：缺乏合理的操作程序；任务太难而超负荷工作；人员技术培训不够；运行人员粗心大意缺少兴趣；工作环境不良；违反操作规程等。例如，属于与功能的进行有关的人为差错有：决策错误，如不成熟的决策、采用不必要的规则、没有采用有效的规章制度、对改变的目标反应不成熟、不正确的动作控制方向，或者对控制对象的变化反应太慢；执行次序错误，如插入一个不合要求的步骤、遗漏正常的过程步骤。此外，功能性的失误还包括灵敏度影响、辨别、检测、分类、记录等。另一方面，运行过程所产生的差错是在对设备具体操作时所犯的，一般有两类：一是疏忽型，由于注意力不集中，忘记或记错了所造成；二是执行型，由于操作的差错，由于对信息的判断不正确，进行了一些有害的操作，对目标的识别错误，这一类事故较其他类型事故发生频率更高，有时运行人员是出于对信息不理解或错误的理解而犯错误。

（3）装配差错。如使用不正确的零部件、遗漏了零件、标签不符合、反接等。

（4）检验差错。未把有缺陷的地方找出来，检验出现差错的原因是监测不是100%精确，一般认为检验有效度接近于85%。

（5）维修差错。例如在设备拆装中采用了错误的清洁剂、润滑剂，设备的调试、校核不正确，开关、阀门未复位等。随着设备的老化，维修次数增加，发生差错的可能性就更大。

最后，有关人为差错再介绍一个需要引起注意的结论：研究表明，在时间要求高度紧迫的情况下，如果前一个操作错误，则后一个企图纠正错误的操作的人误概率是正确情况下的两倍。

7.3.2 提高人员可靠性的措施

1. 设计方面的措施

设计方面，要求系统的可靠性设计必须把人的因素考虑在内，遵循人机工程的原则，将人员作为整个系统的一个组成部分，研究如何使人员满足系统设备的要求，准确可靠地执行操作任务。

提高人员可靠性，设计方面的工作多且复杂，必须系统地考虑问题，提供尽可能舒适的工作环境，保证观察、操作的方便性，保证照明、通信、大气环境等。这里仅介绍与核动力装置运行人员关系较密切的几个问题：

（1）对于从仪表上读数时造成错误的情况，考虑消除视觉问题、要求移动读表人身体和避免不合理的仪表位置等。

（2）为防止运行人员没有注意一些重要的显示，采用视觉的（发光、闪烁）和听觉的（发声）手段以吸引运行人员对问题的注意。

（3）由运行人员调节的控制不精确差错，要利用那些允许调节、有反馈显示的控制装置或不需要微动定位的控制装置。

（4）在使用控制装置时发生的错误问题，通过采取诸如避免在使用时需要过大力量、关键的控制装置离得太近、外观相似和控制记号难以理解等措施来加以解决。

（5）不规则的振动和噪声，是导致运行人员注意力不集中或对指令理解不正确而产生差错的一个原因，通过采用预防性措施如加消声装置和隔振器予以克服。

（6）对可能会以不正确的顺序接通而产生后果的控制设备，其关键顺序应提供联锁装置。

（7）为了防止重要按钮的事故性动作，设置透明保护罩。

2. 管理方面的措施

从管理角度，提高人员可靠性的措施至少有以下几点：

（1）保证运行人员处于自我控制状态。对此，下列几点是必需的：

① 知道他实际上正在做什么。

② 知道他期待去做什么。

③ 当需要采取事后措施时，具有调整设备状态的手段。

可以说，如果自我控制的任一准则没有得到满足，则是管理上的问题。一些例子是：不合适的工具、有故障的机械、测量仪器的精度不够、错误的操作规程、不良的训练、不合要求的照明或通信。而当提供了自我控制的所有准则，缺陷可以说是运行人员的差错。这种情况下，运行人员对差错的发生负责。

（2）针对经过选择（概率较大的）人为差错原因，考虑采用预防性措施。例如：

① 注意力不集中和疲劳是运行人员发生差错的两个重要原因。对此，应保证各运行岗位职责的衔接与监督，根据人力特征适当调整工作位置、消除过长的精力集中的时间、消除由于环境造成的压力和消除疲劳的心理要求，等等。

② 确保仪表有效地工作与提供试验和调试程序相结合，能克服运行人员发生差错的原因。

③ 不遵守规定的程序也是产生运行人员差错的一个重要原因，其补救措施是避免太长、太快或太慢的程序，等等。

④ 为了防止不经心的操作，将警告和危险标志放在有问题的控制装置上，或用屏蔽带遮住不应投入运行的设备上。

（3）为了控制人为差错的发生，在日常训练中有必要进行操作分析。操作分析又称任务分解，是把人员应该进行的操作分解成一系列相连贯的动作或步骤，每一步都必须弄清以下要求：动作实施的设备部件；要求运行人员的动作；可能的潜在的人为差错；控制显示的位置等。之后，分析操作之间的相关性，考虑差错或失效恢复的可能性，最后讨论应有的某些事后措施，让运行人员具备良好的心理态势，防止多重差错的发生。

上述过程可以用人-机系统分析方法来表示，其程序如图 7-2 所示。其中，步骤 2 涉及那些决定性能的因素（环境特征），就是说，尽管存在诸多不利的条件，但运行人员不得不在这种环境下完成各种不同的任务和工作；步骤 3 涉及关于系统人力特征的识别和估计，例如培训、经验、激励和技巧。

步骤1	概括地说明系统的功能和目标
步骤2	概括地说明环境特征
步骤3	概括地说明与系统有关的人力特征
步骤4	概括地说明由系统中人力执行的任务和工作
步骤5	对表面上潜在的可能差错条件和其他有关的困难进行任务和工作分析
步骤6	估计每一潜在差错发生的可能性
步骤7	估计每一潜在差错保持不被发现和纠正的可能性
步骤8	估计每一未被发现的潜在差错的后果
步骤9	提出有关修改系统或规程的建议
步骤10	通过重复上述9个步骤中的大多数，重新评估系统的每一个改变

图 7-2　人-机系统分析方法程序

本 章 小 结

本章主要介绍舰艇核动力装置在使用阶段为了保持与恢复可靠性水平采用的主要做法，主要有装备保养、科学使用、维修保障等；还简单介绍了人员可靠性的问题。

习　题

1. 舰艇核动力装置装备保养的目的是什么？一般有哪几种类型？
2. 舰艇核动力装置主要维修方式有哪些，分别有何特点？
3. 请分析应该如何提高运行人员的可靠性。

第8章　舰船核动力可靠性数据的收集、处理与应用

舰船核动力装置的研制、使用过程将产生大量的可靠性数据，这些数据对保持和恢复装置的适用状态、改进和提高装备使用可靠性有重要意义。及时、准确收集可靠性数据，并对其进行整理、分析，是核动力装置开展可靠性工作的基础，为此，运行人员应充分认识可靠性数据管理的意义，了解装备使用数据的收集特点，掌握数据管理的一般原则与方法。

8.1　概　　述

8.1.1　可靠性数据的内涵及收集处理的目的与作用

可靠性数据是指在各项可靠性工作及活动中所产生的描述产品可靠性水平及状况的各种数据，它们可以是数字、图表、符号、文字、曲线和电子文档等形式。广义的可靠性数据包含可靠性、维修性、保障性、测试性、安全性和环境适应性等方面的数据，这里所说的可靠性数据主要指系统或产品在工作中的故障或维修信息。

随着可靠性工程的深入发展，可靠性数据收集及分析工作的价值显得越来越重要。人们深刻认识到：有效的数据和信息是开展可靠性、维修性、保障性分析的基础，没有数据和信息，可靠性工程将无法有效开展。

可靠性数据通常有如下特点：

（1）时间性。可靠性数据多以时间来描述，产品的无故障工作时间反映了它的可靠性。这里的时间概念是广义的，包括周期、航行里程、次数，如泵的连续运行时间、阀门的开关次数、密封面的热循环次数等。

（2）随机性。产品何时发生故障是随机的，所以描述其故障发生时间的变量是随机变量。

（3）有价性。一是指数据收集需要花费代价；二是指经分析和处理后的可靠性数据，对可靠性工作的开展富有价值。

（4）时效性和可追溯性。可靠性数据的产生和利用与产品寿命周期各阶段有密切的关系，各阶段产生的数据反映了该阶段产品的可靠性水平，所以数据的时效性很强。随着时间的推移，可靠性数据反映了产品可靠性发展的趋势和过程，如经过改进的产品其可靠性得到了增长，当前的数据与过去的数据有关，所以数据自身还具有可追溯性的特点。

可靠性数据及其分析伴随着产品寿命周期的各个阶段可靠性工作进行，通过有计划、

有目的地收集产品试验或使用阶段的数据，采用非参数分析和参数分析（利用统计分析方法进行分布参数估计、分布的拟合优度检验、可靠性参数估计等），定性或定量地评估产品可靠性。其主要目的和作用包括：

（1）在方案阶段，收集同类产品的可靠性数据，进行处理与评估，评估结果可以用来进行方案的对比和选择。

（2）在工程研制阶段，收集研制阶段的试验数据，进行处理与分析，可掌握产品可靠性增长的情况。同时，通过数据分析，找出薄弱环节，以便提出故障纠正的策略和设计改进的措施。

（3）在设计定型或确认时，收集可靠性鉴定试验的数据并处理，评估产品可靠性水平是否达到规定的要求，为设计定型和生产决策提供管理信息。

（4）在批量生产时，收集验收试验的数据并处理，评估产品可靠性，检验其生产工艺水平能否保证产品所要求的可靠性，为接受产品提供依据。

（5）在使用阶段，收集现场数据进行处理与评估，这时的评估结果反映的使用和环境条件最真实，对产品的设计和制造水平的评价最符合实际，是产品可靠性工作的最终检验，也是开展新产品的可靠性设计和改进原产品设计的最有益的参考。

对于装备使用方来说，通过可靠性数据收集及其分析，可以确认装备的可靠性指标是否得到满足；指导配置装备的备品备件，组织科学的维修工作，开展最佳的综合保障工作；同时，还可为装备改进和新装备研制提供有效反馈。

8.1.2 可靠性数据的来源与分类

产品寿命周期中设计、研制、试验、使用、维修各个阶段都会产生可靠性数据，例如研制阶段的可靠性试验、可靠性评审报告；生产阶段的可靠性验收试验、制造、装配、检验记录，元器件、原材料的筛选与验收记录；使用中的故障（失效）数据，维护、修理记录，及退役、报废记录等。总体来说，可靠性数据主要有两类来源：

（1）产品本身的来源，即试验数据、使用（现场）数据。

（2）产品外部的来源，即行业数据、标准规范手册中的数据。

下面分别进行简单介绍。

（1）试验数据。试验数据主要是指在产品研制和生产阶段获得的数据。

试验数据来自研制试验、可靠性鉴定与验收试验、寿命试验（包括加速寿命试验），也可来自产品功能试验、环境试验或生产验收试验等。

可靠性验证试验主要以截尾试验为主，包括定数截尾试验、定时截尾试验和随机截尾试验，也有完全样本试验。因此，试验数据主要包括：定数截尾试验数据、定时截尾试验数据、随机截尾试验数据、完全样本试验数据。

（2）使用（现场）数据。使用数据是指在用户使用产品过程中获得的数据。主要来自现场使用信息、用户反馈、维修日志、备件库使用情况等。

由于产品在实际使用中的地区、环境条件不同，数据记录人员的不同，产品转移他处后使用，因意外原因中途撤离使用等，所以形成了现场数据的随机截尾特性。在这些随机截尾数据中，包括故障样品的故障时间和撤离样品的无故障工作时间。使用数据包含较多的删失数据。

（3）行业数据。一些行业具有共享可靠性数据的组织。例如，电子行业、机械行业、核电行业等。

（4）公用数据。公用数据来自政府级的数据系统，例如国家标准中的可靠性数据、国家信息部门的可靠性数据、国际标准中的可靠性数据等。

对上述来源的这些可靠性数据可以按照不同规则进行分类，常用的分类如下：

（1）按数据是否连续，可分为离散型和连续型。

离散型数据的取值是整数或自然数，也称技术型数据，例如一批产品的不合格数、某类阀门或泵的失效数等。这种数据属于离散随机变量的分布。

连续型数据的取值是实数某一区间内的任一值，也称计量型数据，例如产品发生故障的时间、产品故障的修复时间、产品寿命等。这种数据属于连续随机变量的分布。

（2）按不同的质量特性，分为功能特性数据、可靠性数据、维修性数据、保障性数据、安全性数据、测试性数据、环境适应性数据等。

（3）按场地，分为实验室和现场（使用）数据。

（4）按产品有无故障，分为无故障数据（正常工作的时间）和故障数据。人们往往注重故障数据而忽视无故障数据，实际上，无故障数据对产品可靠性分析与评估也是非常有用的。

（5）按数据是否完整，分为完整数据和不完整数据（也称删失数据，censoring data）。

完整数据是当产品发生故障时能被及时发现或被仪器自动记录的数据。如舰船核动力装置中某台持续运行的泵发生故障，可以完整记录为：×泵在×年×月×日×时×分故障停机，这就是一个完整数据。

由于产品的故障是随机的，在不能实时监测的条件下，可靠性数据很少是完整的，更多的是删失数据，尤其是在产品维修中删失数据更为常见。什么是"删失"呢？在进行观测或调查时，不知道一件产品的确切寿命，只知道寿命大于一个值 L，则称该产品的寿命在 L 是右删失的，并称 L 是右删失数据；若只知道寿命小于 L，则称该产品的寿命在 L 是左删失的，并称 L 是左删失数据。常用记号 L^+ 表示右删失数据，L^- 表示左删失数据。右删失的情形在寿命观测中最为常见，左删失的情形相对少些。

从数据是否完整方面可以包括4种类型的数据：

（1）寿终数据，即完全寿命（确切寿命）数据。

（2）右删失数据。

（3）左删失数据。

（4）区间型数据。

8.2 可靠性数据的收集

收集可靠性数据是为了在产品寿命周期内有效地利用数据，为改进产品的设计、生产提供信息；为管理提供决策依据；为保证产品的可靠性服务。

8.2.1 可靠性数据收集的主要内容

一般而言，可以收集的产品及其与可靠性相关的数据包括：

（1）产品资料。包含现场使用产品的信息，产品配置及其组成。通常应该记录原始制造状态、生产厂商、批次号、状态更改、维修历史及其他的信息。这些数据在评估各种事件的敏感性因素时特别重要。

（2）使用数据。包括产品何时投入使用、现场工作情况，以及什么时候退役（报废）的信息。使用数据一般以事件、状态发生和持续时间的形式给出。使用数据在一段持续的时间内可能是固定的，也可能是变化的，或者是时而固定，时而变化。使用数据并非只基于时间，也可能基于运行或循环（如产品的使用次数）。

（3）环境数据。包含产品的工作条件信息，通常它们被认为是影响产品可靠性的重要因素。一般应该包括环境应力的持续时间和强度。

（4）事件。包含产品寿命周期内发生的所有情况信息，包括失效、修理、升级等。

如果依据数据收集的场合来描述的话，那么：

（1）对于试验数据。包括产品名称型号、试验名称、试验条件与试验方式、试验总时间、故障次数、每次故障累积试验时间（产品从开始试验至故障时的累积工作时间）、试验次数、成功次数、故障情况、纠正措施、试验的日历时间等。

（2）对于使用数据。包括名称型号、使用时间、故障发生的日历时间（使用的累积时间）、故障次数、每次故障的累积工作时间、故障情况、纠正措施等。

8.2.2 可靠性数据收集的原理

1. 基于时间的数据收集

基于时间的数据收集有连续和间断的。主要包括以下几种。

（1）连续的数据收集：贯穿产品整个寿命周期，持续地积累数据。

（2）窗口式数据收集：在产品寿命周期的一个时间窗口中收集数据。

（3）多窗口式数据收集：在产品寿命期内从多个时间窗口中收集数据。

（4）滚动窗口式数据收集：除了窗口的开始时刻和结束时刻随时间滚动外，都与窗口式数据收集类似。这意味着收集新数据的同时总是丢弃最旧的数据。

应当注意的是，数据收集的时间尺度可能不用日历时间，而用其他的时间尺度方式。这些时间尺度可能是"工作时间"——系统工作的时间，或者是"加电时间"——系统加电的时间（包括待机和运行）等。这些时间尺度之间通常有联系，如图8-1所示。

图8-1顶端的曲线给出了一个典型的任务剖面，可以看到，日历时间在整个剖面上一直都在增加，而工作时间只是在剖面的工作部分才增长；循环次数只在每个任务的开始处（或结束处）增加；运行次数的增加只发生在任务执行阶段。

2. 完整的和有限的数据收集

完整的数据收集是指对现场使用产品的每种情况都进行数据收集；有限的数据收集将收集范围限定在上述情况的一个子集上。有限的数据收集可以使用多种抽样方法来决定被跟踪产品的区域及其数量。

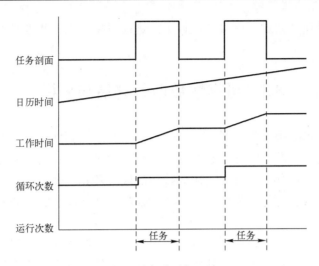

图 8-1 各种时间尺度

3. 定量和定性数据收集

定量数据是指可以用数值表述的情况,例如失效前运行时间等。定性数据是收集的"软性"数据,例如失效事件发生的原因。这两类数据都很重要且相互支持。数据收集的类型取决于用该数据来回答问题的种类。

8.2.3 可靠性数据收集的方式及注意事项

现场可靠性数据收集的方式一般有 3 种:一是对现场工作人员分发报表,令其逐项填写,然后定期收回;二是培训一批专业人员,编制调查纲目,有计划、有目的地深入现场进行调查,收集重要的可靠性数据;三是开发可靠性数据自动收集计算机应用系统,自动收集与产品或系统可靠性相关的数据。对于舰船核动力装置来说,这 3 种均有采用,比如对于在研制阶段开展的可靠性试验,通常由专门的可靠性试验人员负责数据收集。当装备投入使用后,现场可靠性数据收集一般是由现场的运行、维修人员负责收集。另外,装备还开发了运行参数记录和分析系统,可自动记录部分关键设备的运行情况。

收集可靠性数据需要严格把关,才能保证数据的准确性。归纳起来,主要有以下 4 点:

(1) 原始数据的真实性。试验观测的取样方式、试验方案、试验设计要能反映客观实际的真实面貌;确保试验设备及测试仪表的精度等。

(2) 原始数据的信息量。可靠性指标是一些统计指标,只有在取得丰富数据资料的基础上,才能对产品的可靠性水平做出正确的评价。因此,要正确评价产品的可靠性水平,须对产品进行大量的统计试验或长期观测。

(3) 统计分析方法的合理性。要想获得准确可靠的数据,必须有合理的统计分析方法。

(4) 延续性。可靠性数据有可追溯性的特点,随着时间的推移,它反映了产品可靠性的趋势,为了保证这种可追溯性,要求数据的记录连续。

在现场数据收集还应该注意:对相同产品的数据收集应区分不同条件和地区,如对舰船腐蚀而言,南方和北方差异很大,同一设备安装在舰船不同位置,腐蚀速度也有很大不同；有些产品在使用过程中可能进行了改进或更换，收集数据时不应将改进前后数据混同处理等。

8.3 可靠性数据的评估与分析

通过收集，可以获得大量可用的可靠性数据，但这些数据还是一些原始材料，为了使其变成更有利用价值的可靠性信息与知识，还必须对其进行分析处理。这种分析处理包括了定性分析和定量分析，其中，比如故障的模式及其机理的分析一般就属于定性分析；而依据所观察数据进行失效分布类型及参数的估计就属于定量分析。本节主要介绍定量分析。

在试验或现场使用中可以得到大量的观察数据。一般的试验观测值只是产品整体中的个别样本值，而且由于受各种条件的影响，其结果往往具有一定的随机性。为了从有限的个体观测值中去推断总体的统计特征值，就需要有合理的数据处理方法及其统计分析手段。如果已经知道产品的失效分布类型及其参数，就可利用可靠性指标间的关系图来计算产品的可靠性指标，因此，可靠性数据统计分析的主要问题，就在于如何根据所获的子样观测值来确定产品的寿命分布类型及其分布参数。

根据数据分析策略，首先进行可靠性数据的主次分析和因果分析，抓住导致故障的主要矛盾或因素；其次，通过绘制数据分析的直方图，初步判断数据的分布类型；再根据观测数据确定分布类型；最后，根据所确定的分布类型及参数对产品可靠性进行评估。

8.3.1 可靠性数据的初步处理

可靠性数据的初步处理主要包括两方面内容：

1. 故障数据的主次及因果分析

导致产品出现问题、发生故障的原因有很多，通过对这些因素进行全面系统地考虑和分析，梳理出主要的故障模式，找出主要失效机理并定位关键产品，这是可靠性数据分析要完成的任务之一。比如，可以用排列图（Pareto 图）来分析和查找产品的主要故障模式与故障机理，采用因果图来分析故障与可能导致故障的原因之间的关系，从而厘清故障、分析原因、寻找纠正措施，改善和提高相关产品的可靠性水平。

2. 基本统计特征量分析

1）数据的集中性和分散性

多次重复性试验数据，虽然参差不齐，但一般情况下都会密集在某些数点的范围内。数据的这种集中倾向，称为数据的集中性，用于表示数据集中性的主要有算数平均值、几何平均值、中位数、众数、加权平均值。

数据参差不齐的这种特性，称为数据的分散性，表示数据分散性的主要有极差、方差与标准离差、数据的偏度与峰度。

2）样本的频率分析

均值方差等虽然能反映一组数据的集中性和分散性，但它们还不能完全反映一批数据的整个面貌。为了较完整地反映一批数据的统计规律，往往需要对整批数据进行统计分组，建立频率直方图。

3）其他分析

比如，对于周期测量数据的统计分析、散布图分析、回归分析等。

3. 产品可靠性的粗略估计

可以根据样本观测值计算可靠度函数或建立样本的经验分布函数，常见的方法有残存比率法、平均秩次法、寿命表法、乘积限估计等。

8.3.2 可靠性分布类型确定及参数估计

1. 可靠性分布类型的选择

在获得产品寿命数据后，首先对数据进行探索性分析，识别出一个合适的理论分布，常用候选分布识别方法如下：

（1）构建故障数据的直方图，可以粗略反映 PDF 曲线的轮廓和形状。

（2）计算描述性统计量，运用理论分布函数的性质进行判断。

（3）分析经验故障率：利用故障数据估计产品的故障率，根据故障率的规律（常数、递增、递减）判断候选分布。

（4）运用故障过程相关的先验知识。

（5）构建概率图。每种理论分布的累积分布函数都是可以进行线性变换的，将故障数据通过同样的变化关系进行转换后，绘制在坐标纸上，如果转换后的数据分布在一条直线附近，则表明故障数据与该分布的符合性较好。

2. 可靠性分布参数的估计

对于同一分布来说，分布参数不同，分布的概率密度曲线也就不同，因此在母分布类型已经知道的情况下，数据分析的主要任务就是根据子样的统计数据来估计母体分布参数。根据第 2 章可知，指数分布只有一个参数，即失效率 λ；正态分布有两个参数，均值 μ 及标准差 σ；对数正态分布也有两个参数，对数均值 μ 及对数标准差 σ；而对于威布尔分布来说，则有 2 个参数，即形状参数 m，尺度参数 t_0。只有既确定了产品的寿命分布类型，又掌握了产品的寿命分布参数后，才能对产品的可靠性指标进行计算。

2.6 节已经简单介绍了常用的两类参数估计方法，即参数点估计和参数区间估计。参数点估计是指用一个点值来估计母体分布参数的方法。常用的方法有矩法、最小二乘法、极大似然法、最佳线性无偏估计法、简单线性无偏估计法以及最佳线性不变估计法等，各方法的具体过程可参考数理统计的有关资料，本书不再做详细介绍。

分布参数的估计除了点估计之外，为了准确地说明估计量在 θ 附近的变化范围，还可进行区间估计。关于区间估计的具体过程在数理统计的资料中有详细介绍，本书亦不再做详细介绍。

3. 拟合优度检验

选择一种理论分布的最后一步是进行拟合优度检验，即检验观测值的分布与先验的或拟合观测值的理论分布之间符合程度。常用的拟合优度检验方法可分为两类：一般检验和专门检验。一般检验方法适用于多种分布函数的检验方法，例如卡方（χ^2）拟合度检验；专门检验方法适用于某类特定分布函数的检验方法，例如：适用于指数分布的 Bartlett 检验，适用于威布尔分布的 Mann 检验，以及适用于正态分布和对数正态分布的 K-S（Kolmogorov-Smirnov）检验。下面简单介绍常用的 χ^2 检验方法：

（1）使用范围。χ^2 检验的使用范围很广，不管总体是离散型变量还是连续型随机变量均可使用，分布参数可以已知也可以未知，甚至还可用于不完全样本。但由于原始假设 $F(t)$ 与样本的经验分布函数 $F_n(t)$ 差异有时较大，特别是对于截尾样本，后面的部分差异很大，如果假设通过，则有可能接受不真实的假设，因此在用于截尾样本特别是样本量较小时应慎重。

（2）使用条件。符合下述使用条件时，检验结果比较准确：

① 样本较大，一般要求样本量 $n \geqslant 50$；

② 落入每组的频数 m_i 不能太小，要求 $m_i \geqslant 5$；

③ 需要 χ^2 分布分位数表。

（3）步骤。

① 根据工程经验或历史数据，建立原始假设。

$$H_0: \quad F_n(t) = F(t)$$

② 由观测数据估计假设分布的参数。

③ 将数据分成 m 组，计算各组频数。

④ 计算每个区间内的理论概率 F_i。

$$F_i = F(t_i) - F(t_{i-1}), \quad i=1, 2, \cdots, m \tag{8-1}$$

⑤ 计算 χ^2 统计量。

$$\chi^2 = \sum_{i=1}^{m} \frac{(m_i - nF_i)^2}{nF_i} \tag{8-2}$$

式中，m 为数据所分组数；m_i 为落入第 i 组的频数；n 为样本量；nF_i 为第 i 组的理论频数。

⑥ 计算自由度。

$$k = m - f - 1 \tag{8-3}$$

式中，f 为假设的分布参数的个数。

⑦ 给出显著性水平 α，根据 k 和 α 查 χ^2 分布表（见 GB/T4086.2—83 统计分布数值表 χ^2 分布，下同），得 $\chi^2_{1-\alpha}(k)$。

⑧ 判断。若 $\chi^2_{1-\alpha}(k) \geqslant \chi^2$，则接受 H_0；若 $\chi^2_{1-\alpha}(k) < \chi^2$，则拒绝 H_0。

（4）随机截尾样本的检验步骤。在实际使用中，得到的大部分现场使用数据都具有随机截尾特性，目前还没有较合适的方法对这类数据进行检验，可近似进行 χ^2 检验。

计算步骤①，②，③，⑥，⑦，⑧与上述相同，步骤④，⑤的计算如下：

④ 理论概率为

$$F_i = 1 - \frac{R(t_i)}{R(t_{i-1})} \tag{8-4}$$

⑤ 式（8-2）中的 n 应为每一区间（每一组）开始时的残存样品数 n_{i-1}：

$$n_{i-1} = n - \sum_{j=1}^{i}(m_{j-1} + k_{j-1}) \tag{8-5}$$

式中：k_{j-1} 为删除样品数；当 $i=1$ 时，$m_0=0$，$k_0=0$，$n_0=n$。

【例 8-1】 观察 200 个新生产的小型轴承的失效时间，每隔 100h 检查一次，记下失效轴承个数，直到全部失效为止。记录如表 8-1 所列，检验该轴承的寿命是否服从指数分布。

表 8-1 失效记录

时间/h	0~100	100~200	200~300	300~400	400~500	500~600	600~700	700~800	800~900
失效数 r_i	36	42	37	23	20	25	10	4	3

解： 检测步骤如下：

（1）假设寿命服从指数分布：

$$F(t) = 1 - e^{\frac{-t}{\theta}}$$

（2）采用极大似然法估计参数 θ 的点估计值。取各组中间值作为该组代表值 t_i，则

$$\hat{\theta} = \frac{1}{n}\sum_{i=1}^{r_i} t_i r_i = 301（\text{h}）$$

假设 $H_0: F(t) = 1 - e^{\frac{-t}{301}}$。

（3）由于每组中实际频数不宜少于 5，故将前 7 段时间各作为一组，最后两段时间合为一组，故总计组数 $m=8$。

（4）计算 F_i（见表 8-2）。其中 t_i 取各组时间的末值，如 $t_1=100$，$t_8=900$。

表 8-2 计算结果

组号 i	m_i	$F_i = F(t_i) - F(t_{i-1})$	$nF_i = 200F_i$	$(m_i - nF_i)^2$	$\frac{(m_i - nF_i)^2}{nF_i}$
1	36	0.282 7	56.54	421.891 6	7.461 8
2	42	0.202 8	40.56	2.073 6	0.051 1
3	37	0.145 5	29.10	62.410 0	2.144 7
4	23	0.104 3	20.86	4.576 0	0.219 5
5	20	0.074 9	14.98	25.200 4	1.682 3
6	25	0.053 7	10.74	203.347 6	18.933 7
7	10	0.038 5	7.70	5.290 0	0.687 0
8	7	0.047 4	9.48	6.150 4	0.648 8

（5）计算 χ^2 统计量：$\chi^2 = 31.8352$。

（6）计算自由度：$k=8-1-1=6$。

（7）取显著性水平 $\alpha=0.1$，查表得 $\chi^2_{1-\alpha}(k) = \chi^2_{0.9}(6) = 10.64$。

（8）由于 $\chi^2 > \chi^2_{0.9}(6)$，故不能接受原假设，即不能认为该产品的寿命服从指数分布。

8.3.3　贝叶斯方法在可靠性数据分析中的应用

经典可靠性理论目前已经得到了广泛的应用，但是必须充分认识到，只有在大样本的前提条件下，用"故障频率"代替"故障概率"去表征产品可靠性才合理。然而对于大多数实际工程问题，用大样本数据作为前提假设是不切实际的，因此，经典可靠性理论在实际的工程应用中存在一定的局限性。为了解决实际工程应用中的小样本量问题，一般采用贝叶斯方法，利用经验信息得出"先验分布"，根据先验分布和试验数据得出后验分布，根据后验分布得出贝叶斯点估计和区间估计。这种情况在舰船核动力可靠性数据分析中是比较普遍的，下面对贝叶斯方法做简单介绍。

贝叶斯公式也称为逆概率公式，描述的是事件 B 能且仅能与 $A_1, A_2, \cdots, A_n$ 中的任一个同时发生，并且知道 A_i 及 B 在事件 A_i 条件下发生的概率，那么能够得出 A_i 在 B 条件下发生的概率（后验概率）。

$$P(A_i|B) = \frac{P(A_i)P(B|A_i)}{\sum_{j=1}^{N} P(A_j)P(B|A_j)} \tag{8-6}$$

下面从随机变量的密度函数来描述贝叶斯公式。在贝叶斯统计中，密度函数记为 $P(x|\theta)$，表示在随机变量 θ 给定某个值时，总体指标 X 的条件分布。

① 根据 θ 的先验信息确定 θ 的先验分布 $\pi(\theta)$。

② 产生样本 $X = (x_1, x_2, \cdots, x_n)$。设想从先验分布 $\pi(\theta)$ 中产生参数 θ，在给定 θ 下，从总体分布 $P(x|\theta)$ 中产生一个样本 $X = (x_1, x_2, \cdots, x_n)$，得到似然函数：

$$P(X|\theta) = \prod_{i=1}^{n} P(x_i|\theta)$$

③ 样本 x 和参数 θ 的联合分布为

$$h(X, \theta) = P(X|\theta)\pi(\theta)$$

④ 对未知参数 θ 进行推断，在没有样本信息的情况下，只能根据先验分布 $\pi(\theta)$ 对 θ 做出推断。在有样本的情况下，可根据联合分布 $h(X, \theta)$ 对 θ 做出推断，因此，需要将以 $h(X, \theta)$ 进行如下分解：

$$h(X, \theta) = h(\theta|X)m(X)$$

其中 $m(X)$ 是 X 的边际密度函数：

$$m(X) = \int_{\sim} h(X, \theta) \mathrm{d}\theta = \int_{\sim} P(X|\theta)\pi(\theta) \mathrm{d}\theta$$

即它与 θ 无关，其中~是 θ 取值空间。

⑤ 因此可用 $h(\theta|X)$ 条件分布对 θ 做出推断，得出贝叶斯公式的密度函数形式：

$$h(\theta|X) = \frac{h(X, \theta)}{m(X)} = \frac{P(X|\theta)\pi(\theta)}{\int_{\sim} P(X|\theta)\pi(\theta) \mathrm{d}\theta} \tag{8-7}$$

在给定样本 X 的情况下，θ 的条件分布被称为 θ 的后验分布。

得到后验分布 $h(\theta|X)$，就能够集总体信息、样本信息和先验信息于一体，全面描述

参数 θ 的概率分布，因此有关参数 θ 的点估计、区间估计、假设检验等也都可从后验分布中提取相关信息。

8.4 可靠性数据管理和应用

装备的可靠性数据管理应与装备质量信息管理、维修保障管理等密切结合。对于舰船核动力来说，应该与核安全经验反馈等工作进行统筹。装备可靠性数据的收集和管理还应与故障报告分析和纠正措施系统紧密结合。总的来说，可靠性数据管理一定要注意可靠性数据的及时性、系统性和完整性。

及时性是指可靠性数据一旦形成，就应该及时加以收集和管理。例如，试验过程中发生的故障数据、使用过程中反馈的数据等都应及时收集和管理，否则数据可能会残缺失真，甚至完全丢失。

系统性是指产品的可靠性数据应按不同产品分别进行系统地收集和管理，同时具体产品可靠性数据应从研制初期规定的可靠性指标开始收集，对研制过程、生产过程和产品使用过程所产生的数据进行系统地收集。

完整性是指可靠性数据一定要注意全面、完整，至少应包括数据发生的时间、累积试验或工作的时间、数据产生的环境等。

可靠性数据只有做到及时性、系统性和完整性，才具有最大的利用价值。

可靠性数据的应用是收集和管理的最终目的，收集和管理是为了应用，是为了提高产品可靠性提供基础。在研制阶段主要是为了论证和确定可靠性的定性、定量要求，及早发现潜在薄弱环节或设计缺陷，特别是用于可靠性预计和分配、FMEA 和 FTA 等，也是为了在可靠性试验后评价产品的可靠性水平，还可以为舰船核动力概率安全评价（PSA）等提供基础数据。在产品使用过程中，可靠性数据一方面用于评价使用可靠性水平，另一方面用于可靠性改进，实现产品的可靠性增长，还可以为维修计划制定、备品备件筹措等提供信息。

8.5 舰船核动力使用可靠性数据收集、分析及问题讨论

8.5.1 使用可靠性数据收集、分析

总体上来讲，舰船核动力可靠性数据的收集和分析与一般产品并无本质区别。但就运行保障人员而言，他们负责的可靠性数据收集与分析工作主要是针对现场使用数据的。下面对这一方面做简单介绍。

舰船核动力使用可靠性数据主要是舰船核动力运行过程中所产生的设备累积运行时间、开关及循环次数、故障发生的日历时间、故障次数、每次故障的累积工作时间、故障模式、故障机理、纠正措施等。这些数据主要是大部分是依靠现场运行与维修人员进行收集，有部分关键设备，比如涉及核安全或动力输出的重要设备，可由专门的计算机

化数据记录系统进行收集。从数据收集的时间窗口来看，基本上涵盖了装备服役的整个过程，但由于数据收集、记录和管理尚未建立完善的系统，数据的丢失现象比较普遍。

从收集到的可靠性数据来看，大部分设备的故障数据是完整的，即有确定的设备寿命信息；但也有部分故障数据是有删失的，比如一些备用设备故障或潜在功能故障，由于装置正常运行时无法及时发现其是否失效，只有在检测、检修、启动时才能发现，因此就造成了数据删失。对于舰船核动力来说，许多系统和设备都涉及核安全，其设备可靠性很高，另外，由于设备预防性维修更换等情况，实际收集的可靠性数据中有很大部分是无故障数据。

受限于装备数量和累积运行时间，目前，舰船核动力装置许多设备的可靠性数据还不够充分。因此，除了少量设备的可靠性数据分析可直接利用"故障频率"代替"故障概率"外，许多设备的可靠性数据分析还需要在机械或核电行业的先验分布基础，采用贝叶斯等方法融合现场数据，得到改进的后验分布。

8.5.2 有关问题讨论

1. 数据背景、数据质量的研究，合理地进行数据分析

首先要重视实际使用情况。举例来说，装备在标准条件下所具有的故障特征（A），是考虑了标准条件下的因素或范围，它将受到其他使用条件下的故障特征（B）的影响。因此，所出现的故障，往往是综合了（A）、（B）两者的复杂结果，这就是实际的使用情况。这时应将实际使用中出现的（A）、（B）的综合状态作为一个单一的故障事件来分析，全面研究其真实情况。

运行人员往往会认为眼前所出现的故障现象是千真万确的，但是它毕竟不过是从总体中取出的一个样品，并不能保证它全面地反映了总体的情况。因此应避免简单地将整体情况与一个样品反映的现象混同起来。进行可靠性数据的收集与分析时，必须具有统计的概念及广泛应用各种数理统计的方法。

收集的数据不仅是故障的数据，对于未发生故障的"无故障数据"（观测中断数据）也很重要，只收集故障的数据，则大体上会使寿命的估计值变短，因而对可靠性做出偏低的评价；反过来，若故障情况考虑不完全，则可靠性估计值会偏高。另外，对于反映故障的实际数据和推测的结果须明确区分开来。

在收集累积数据中，经常出现的问题是盲目地记录过多的数据，其结果反而遗漏了重要的因素和事项，给其后的数据处理及利用各种预测统计学方法进行分析时带来极大的困难，有时甚至完全不可能进行，使得积累起来的贵重数据不能发挥作用。因此，数据的各个记录项目务必作详尽的规定，同时就记入内容而言，应设置必要的备注栏、审查栏，便于以后对其中的有关项目进行综合分析，也利于数据的补充、取消或订正等。为了更好地应用信息处理系统，应设置各种形式的信息库、数据库。

为了满足数据收集要求，在实际工作中广泛采用了各种运行登记表（簿）、故障统计卡片，形式并不统一，视对象与目的不同而略有差异。但从管理角度，要求所采用的数据收集（记录）表格应简单明了、便于记录，可采取编码方式，既便于现场人员填写，也易于统计处理和保存。

2. 探讨数据收集、分析的管理、改进，训练及教育等问题

在不同情况下，担任故障数据记录的人员不一定相同，其中有的人可能缺乏需要的知识或水平。一方面，确定数据收集方法时，必须考虑到数据收集人的水平如何，哪些数据是绝对必需的，如果发生遗漏后能否补上等；另一方面，要考虑培训问题，使数据收集人员具备必要的可靠性数据收集与分析的专门知识。

如果记录不完整，甚至是想当然地盲目取数据，对分析人员来说是极不负责任的，尤其是对后续的故障定位和故障原因分析会造成许多困难。另外，故障处置的标准等也因记录人员的不同而不同，可能混入内容杂乱的数据，因此在汇集、处理数据之前应先仔细研究原始记录，注意原因、现象的区别，尽可能地识别数据。

数据的可靠性依赖于人的可靠性，由于采集和被采集人的立场不同，数据也不相同。例如作为用户常强调故障的问题，把使用失误原因归结为设备的原因，或者是故意隐瞒一些故障原因。为此必须将采集数据的目的意义交代清楚，规定数据采集人员的职责和奖惩措施，否则，即使有很好的采集方式，也得不到公正客观的数据，为了查明故障的原因，美国航空公司采取对报告真实事件（不隐瞒真相者）不予惩罚的调查方法，由此得到宝贵的真实数据。在采集数据中，一旦混入不真实数据，以后再如何处理也是徒劳。因为由此算出的不是装备的可靠性，而是人的不可靠性（欺骗性）。

本 章 小 结

本章主要介绍了舰艇核动力装置可靠性数据的基本内涵和收集分析的目的；分析了可靠性数据的可能来源及分类；介绍了可靠性数据收集的主要内容、基本原理和常用方式；在此基础上，重点介绍了可靠性数据分析的基本过程和常用方法。最后，简单介绍了舰船核动力可靠性数据收集分析的现状与特点。

习　　题

1. 可靠性数据一般具有什么特点？
2. 可靠性数据收集与分析的目的是什么？
3. 可靠性数据主要有哪几个类型，有哪些来源？
4. 结合舰船核动力装置运行维修特点，试分别举一个例子说明什么是完整数据、右删失数据和左删失数据？

参 考 文 献

[1] 蔡琦. 舰艇核动力装置使用可靠性工程[M]. 北京：海潮出版社，2005.

[2] 甘茂治，康建设，高崎. 军用装备维修工程学[M]. 北京：国防工业出版社，2022.

[3] 康锐. 可靠性维修性保障性工程基础[M]. 北京：国防工业出版社，2012.

[4] 潘勇. 可靠性概论[M]. 北京：电子工业出版社，2015.

[5] 赵宇. 可靠性数据分析[M]. 北京：国防工业出版社，2011.

[6] 王汉功，甘茂治，罗云，等. 装备全系统全寿命管理[M]. 北京：国防工业出版社，2003.

[7] 李良巧. 可靠性工程师手册[M]. 北京：中国人民大学出版社，2017.

[8] 曹晋华，程侃. 可靠性数学引论[M]. 北京：高等教育出版社，2012.

[9] 梅启智，廖炯生，孙惠中. 系统可靠性工程基础[M]. 北京：科学出版社，1992.

[10] GJB1909A—2009. 装备可靠性维修性保障性要求论证.

[11] GJB450A—2004. 装备可靠性工作通用要求.

[12] GJB451A—2005. 可靠性维修性保障性术语.

[13] GJB899A—2009. 可靠性鉴定和验收试验.

[14] GJB/Z 768A—98. 故障树分析指南.

[15] GJB813—90. 可靠性模型的建立和可靠性预计.

[16] GJB1378—92. 装备预防性维修大纲的制订要求与方法.

[17] GJB/Z1391—2006. 故障模式、影响及危害性分析指南.

[18] GJB1686A—2005. 装备质量信息管理通用要求.

[19] 中国人民解放军总装备部. 装备通用质量特性管理工作规定，2014.